Wissenschaftliche Reihe
Fahrzeugtechnik Universität Stuttgart

Reihe herausgegeben von
M. Bargende, Stuttgart, Deutschland
H.-C. Reuss, Stuttgart, Deutschland
J. Wiedemann, Stuttgart, Deutschland

Das Institut für Verbrennungsmotoren und Kraftfahrwesen (IVK) an der Universität Stuttgart erforscht, entwickelt, appliziert und erprobt, in enger Zusammenarbeit mit der Industrie, Elemente bzw. Technologien aus dem Bereich moderner Fahrzeugkonzepte. Das Institut gliedert sich in die drei Bereiche Kraftfahrwesen, Fahrzeugantriebe und Kraftfahrzeug-Mechatronik. Aufgabe dieser Bereiche ist die Ausarbeitung des Themengebietes im Prüfstandsbetrieb, in Theorie und Simulation. Schwerpunkte des Kraftfahrwesens sind hierbei die Aerodynamik, Akustik (NVH), Fahrdynamik und Fahrermodellierung, Leichtbau, Sicherheit, Kraftübertragung sowie Energie und Thermomanagement – auch in Verbindung mit hybriden und batterieelektrischen Fahrzeugkonzepten.

Der Bereich Fahrzeugantriebe widmet sich den Themen Brennverfahrensentwicklung einschließlich Regelungs- und Steuerungskonzeptionen bei zugleich minimierten Emissionen, komplexe Abgasnachbehandlung, Aufladesysteme und -strategien, Hybridsysteme und Betriebsstrategien sowie mechanisch-akustischen Fragestellungen.

Themen der Kraftfahrzeug-Mechatronik sind die Antriebsstrangregelung/Hybride, Elektromobilität, Bordnetz und Energiemanagement, Funktions- und Softwareentwicklung sowie Test und Diagnose.

Die Erfüllung dieser Aufgaben wird prüfstandsseitig neben vielem anderen unterstützt durch 19 Motorenprüfstände, zwei Rollenprüfstände, einen 1:1-Fahrsimulator, einen Antriebsstrangprüfstand, einen Thermowindkanal sowie einen 1:1-Aeroakustikwindkanal.

Die wissenschaftliche Reihe „Fahrzeugtechnik Universität Stuttgart" präsentiert über die am Institut entstandenen Promotionen die hervorragenden Arbeitsergebnisse der Forschungstätigkeiten am IVK.

Reihe herausgegeben von

Prof. Dr.-Ing. Michael Bargende
Lehrstuhl Fahrzeugantriebe,
Institut für Verbrennungsmotoren und
Kraftfahrwesen, Universität Stuttgart
Stuttgart, Deutschland

Prof. Dr.-Ing. Jochen Wiedemann
Lehrstuhl Kraftfahrwesen,
Institut für Verbrennungsmotoren und
Kraftfahrwesen, Universität Stuttgart
Stuttgart, Deutschland

Prof. Dr.-Ing. Hans-Christian Reuss
Lehrstuhl Kraftfahrzeugmechatronik,
Institut für Verbrennungsmotoren und
Kraftfahrwesen, Universität Stuttgart
Stuttgart, Deutschland

Weitere Bände in der Reihe http://www.springer.com/series/13535

Paul Heimann

Ein Beitrag zur Modellierung des Reifenverhaltens bei geringen Geschwindigkeiten

 Springer Vieweg

Paul Heimann
Stuttgart, Deutschland

Zugl.: Dissertation Universität Stuttgart, 2017

D93

Wissenschaftliche Reihe Fahrzeugtechnik Universität Stuttgart
ISBN 978-3-658-19599-1   ISBN 978-3-658-19600-4   (eBook)
https://doi.org/10.1007/978-3-658-19600-4

Die Deutsche Nationalbibliothek verzeichnet diese Publikation in der Deutschen National-
bibliografie; detaillierte bibliografische Daten sind im Internet über http://dnb.d-nb.de abrufbar.

Springer Vieweg

Gedruckt auf säurefreiem und chlorfrei gebleichtem Papier

Springer Vieweg ist Teil von Springer Nature
Die eingetragene Gesellschaft ist Springer Fachmedien Wiesbaden GmbH
Die Anschrift der Gesellschaft ist: Abraham-Lincoln-Str. 46, 65189 Wiesbaden, Germany

Vorwort

Diese Arbeit entstand während meiner Tätigkeit als wissenschaftlicher Mitarbeiter am Institut für Verbrennungsmotoren und Kraftfahrwesen (IVK) der Universität Stuttgart.

Mein besonderer Dank gilt Herrn Prof. Dr.-Ing. Jochen Wiedemann für die wissenschaftliche Betreuung der Arbeit und die Übernahme des Hauptberichtes. Herrn Prof. Böttinger danke ich für die freundliche Übernahme des Mitberichtes und sein Interesse an der Arbeit.

Herrn Dipl.-Math. Jens Neubeck, Leiter des Bereiches Fahrzeugtechnik und Fahrdynamik, sowie Herrn Dr.-Ing. Werner Krantz danke ich für die Unterstützung bei der Festlegung des Dissertationsthemas, die Anregungen bei der Ausarbeitung und die Durchsicht der Arbeit. In diesem Zusammenhang möchte ich auch Herrn Dipl.-Ing. Sven Knecht für seine Unterstützung danken.

Für die Hilfe bei der Durchführung der messtechnischen Untersuchungen bedanke ich mich bei Herrn Wolfgang Mayer und Herrn Andreas Fuchs. Ferner danke ich Herrn Sergej Stoppel, der mich in seiner langjährigen Tätigkeit als wissenschaftliche Hilfskraft am IVK in hohem Maße bei der Inbetriebnahme der messtechnischen Einrichtungen und der Auswertung der Messdaten unterstützt hat.

Abschließend möchte ich allen Mitarbeitern und Kollegen der Institute IVK und FKFS, die zum Gelingen dieser Arbeit beigetragen haben, danken. Besonders hervorheben möchte ich Herrn Dipl.-Ing. Andreas Singer und Herrn Dr.-Ing. Andreas Wiesebrock, die wertvolle Anregungen bei der Bearbeitung des Themenfeldes geliefert haben.

Paul Heimann

Inhaltsverzeichnis

Abkürzungsverzeichnis

Formelzeichen

Zeichen	Einheit	Bedeutung
A	m	Amplitude der Sinusschwingung
$|A|$	Ns/m	Amplitudenverstärkung
A_e	-	Zustandsmatrix des Ersatzmodells
α	rad	Schräglaufwinkel
α'	rad	Dynamischer Schräglaufwinkel
B_{MF}	-	Parameter des Reifenmodells Magic Formula
β	m/s	Korrekturfaktor für die Schlupfberechnung nach Lee
C_{Fx}	-	Grenzwert des Umfangskraftbeiwertes im Reifenmodell Magic Formula
C_{MF}	-	Parameter des Reifenmodells Magic Formula
c	N/m	Federsteifigkeit des Ersatzmodells
c_B	N/m	Steifigkeit eines Borstenelements
c_L	N/m²	Latschsteifigkeit
c_S	N/m	Seitenwandsteifigkeit
c_λ	N/-	Schlupfsteifigkeit
$c_{\lambda'}$	N/-	Schlupfsteifigkeit des dynamischen Schlupfes
$c_{\bar{\lambda}}$	N/-	Schlupfsteifigkeit im Arbeitspunkt $\bar{\lambda}$
$c_{\bar{\lambda}_A}$	N/-	Schlupfsteifigkeit im Arbeitspunkt $\bar{\lambda}_A$

$c_{\bar{\lambda}_B}$	N/-	Schlupfsteifigkeit im Arbeitspunkt $\bar{\lambda}_B$
D	-	Lehrsches Dämpfungsmaß
D_{MF}	-	Parameter des Reifenmodells Magic Formula
d	Ns/m	Dämpfungskonstante des Ersatzmodells
d^*	-	Dämpfung
δ	-	Abklingkonstante
E	-	Einheitsmatrix
E_{ab}	J	Energie, die abgeführt wird
E_B	J	Energie, die in einer Borste gespeichert ist
E_{MF}	-	Parameter des Reifenmodells Magic Formula
E_S	J	Energie, die dem System durch einen Impuls zugeführt wird
F	N	Kraft
F'	N	Zustand des Ersatzsystems
$F_{A,0}$	N	Achsenabschnitt der linearisierten Antriebskraft bei $\bar{\lambda}_A = 0$
F_B	N	Bremskraft
$F_{B,0}$	N	Achsenabschnitt der linearisierten Bremskraft bei $\bar{\lambda}_B = 0$
F_N	N	Normalkraft
F_{norm}	N	Normierte Umfangskraft
F_U	N	Umfangskraft
$F_{U,A}$	N	Umfangskraft aus Antriebsschlupf

$F_{U,B}$	N	Umfangskraft aus Bremsschlupf
F_W	N	Externe Widerstandskraft
F_x	N	Kraft in Längsrichtung des Bürstenmodells
ΔF	N	Kraftänderung im Latsch
ΔF_{ab}	N	Abgeführte Kraft am Latschende
ΔF_{zu}	N	Zugeführte Kraft im Latsch
f	1/s	Frequenz
f_0	1/s	Eigenfrequenz
G_{4Par}	1/m	Übertragungsfunktion des 4-Parameterkörpers
G_{Leth}	1/m	Übertragungsfunktion des Lethersichkörpers
G_{ZSD}	1/m	Übertragungsfunktion des Modells mit zusätzlicher Dämpfung
h	-	Diskretisierungsschrittweite des Euler-Verfahrens
I	-	Anzahl der Teilanregungen
i	-	Laufvariable
J_R	kgm²	Massenträgheitsmoment des Rades
K	-	Parameter des PT1 Modells
k	-	Normierte Verschiebung
L	m	Länge des Reifenlatsches
l	m	Position im Latsch
Δl	m	Verschiebung der Borsten im Latsch
λ	-	Schlupf

λ'	-	Dynamischer Schlupf
λ_A	-	Antriebsschlupf
$\bar{\lambda}_A$	-	Arbeitspunkt des Antriebsschlupfes
λ_B	-	Bremsschlupf
$\bar{\lambda}_B$	-	Arbeitspunkt des Bremsschlupfes
λ_e	-	Eigenwerte des Ersatzmodells
M	Nm	Drehmoment
M_0	Nm	Moment zur Beibehaltung des Arbeitspunktes $\bar{\lambda}_B$
M_B	Nm	Bremsmoment
m_A	kg	Aufbaumasse
μ	-	Kraftschlussbeiwert in Umfangskraftrichtung
μ_{max}	-	Maximaler Kraftschlussbeiwert in Umfangskraftrichtung
N	-	Anzahl der Borsten im Reifenlatsch
n	-	Definierte Borstenanzahl
P	W	Leistung
P_s	W	Schlupfverlustleistung
$p_{Vx4,6}$	-	Parameter des Magic-Formula Reifenmodells
ϕ	rad	Phasenverschiebung der Sinusschwingung
r_{dyn}	m	Dynamischer Radhalbmesser
r'_{dyn}	m	Abstand Radmitte – Latschebene im rollenden Zustand
S	1/s	Laplacevariable

s	m	Latschelementauslenkung
s_L	m	Latschelementauslenkung am Latschende
s_h	-	Parameter des Reifenmodells Magic Formula
s_v	-	Parameter des Reifenmodells Magic Formula
s_z	m	Auslenkung an der Stützstelle z
Δs	m	Auslenkungsänderung
Δs_z	m	Auslenkungsänderung an der Stützstelle z
σ_{ges}	m	Gesamteinlauflänge des Modells
σ_L	m	Einlauflänge aus dem Latsch
σ_S	m	Einlauflänge aus der Seitenwand
T	s	Zeitkonstante
t	s	Zeitbasis
t_0	s	Zeitpunkt des Eintritts eines Elementes in die Latschfläche
t_i	s	Diskreter Zeitpunkt
t_L	s	Verweildauer des Elementes am Latschende
t_l	s	Verweildauer eines Elementes im Latsch
t_s	s	Dauer eines Simulationsschritts
Δt	s	Zeitschritt
τ	s	Zeitbasis für die Integration
u	m/s	Quergeschwindigkeitskomponente im Latsch
V_c	m/s	Geschwindigkeit im Magic Formula Reifenmodell

v	m/s	Geschwindigkeit
v_F	m/s	Fahrzeuggeschwindigkeit
v_L	m/s	Wirksame Geschwindigkeit im Latsch
v_{num}	m/s	Korrekturfaktor der Schlupfdefinition zur Gewährleistung der numerischen Stabilität
v_s	m/s	Verformungsgeschwindigkeit der Seitenwand
v_{th}	m/s	Theoretische Fahrzeuggeschwindigkeit
v_T	m/s	Transportgeschwindigkeit eines Borstenelementes
$v_{T,krit}$	m/s	Kritische Transportgeschwindigkeit eines Borstenelementes
v_x	m/s	Übergrundgeschwindigkeit in Reifenlängsrichtung
v_y	m/s	Übergrundgeschwindigkeit in Reifenquerrichtung
Δv	m/s	Differenzgeschwindigkeit
Δv_0	m/s	Sprunghöhe der Differenzgeschwindigkeit
$\Delta v_0'$	m/s	Neue Sprunghöhe der Differenzgeschwindigkeit
$\Delta \hat{v}$	m/s	Amplitude der sinusförmigen Anregung
ω	rad/s	Kreisfrequenz
ω_0	rad/s	Eigenkreisfrequenz
ω_d	rad/s	Gedämpfte Eigenkreisfrequenz
ω_K	rad/s	Kreisfrequenz, bei der das Verhalten des Systems wechselt
ω_R	rad/s	Winkelgeschwindigkeit des Rades
ω_s	ms/rad	Wegfrequenz

x	m	Länge eines Segmentes
x_s	m	Verformung der Seitenwand
y_i	-	Funktionswert zum Berechnungsschritt i
Z	-	Anzahl der Stützstellen
z	-	Nummerierung der Stützstellen

Abkürzungen

Abkürzung	Bedeutung
BM	Bürstenmodell
FEM	Finite Elemente Methode
FKFS	Forschungsinstitut für Kraftfahrwesen und Fahrzeugmotoren Stuttgart
fps	Fuß pro Sekunde (engl.: feet per second)
IVK	Institut für Verbrennungsmotoren und Kraftfahrwesen
mph	Meilen pro Stunde (engl.: miles per hour)
ODE	Gewöhnliche Differentialgleichung (eng.: ordinary differential equation)
PT1	Proportionales Übertragungsverhalten mit einer Verzögerung erster Ordnung
URM	Universeller Reibungsmesser

Zusammenfassung

Durch die Steigerung der Rechenleistung von Computern bekommen Simulationen im Bereich der Fahrzeugentwicklung einen immer wichtigeren Stellenwert. Insbesondere in der frühen Phase des Entwicklungsprozesses können sie durch die Reduzierung der Anzahl der Prototypen und Fahrversuche einen entscheidenden Beitrag zur Effizienzsteigerung leisten.

Die Modellierung des Reifenverhaltens bildet hierbei einen wesentlichen Baustein, der aufgrund seiner Komplexität oftmals anwendungsspezifischer Lösungen bedarf. Für die Simulation geringer Geschwindigkeiten ergeben sich neben der grundlegenden Forderung nach einer möglichst realitätsnahen Abbildung der zwischen Reifen und Fahrbahn wirkenden Kräfte zusätzliche Anforderungen hinsichtlich der numerischen Behandlung der Interaktion zwischen Reifen und Fahrbahn. Diese zusätzliche Anforderung resultiert aus dem Umstand, dass die gängigen Definitionen von Längsschlupf und Schräglaufwinkel für Geschwindigkeiten von null eine Singularität aufweisen.

Geringe Geschwindigkeiten treten insbesondere bei der Darstellung von Anfahrvorgängen oder Bremsungen bis zum Stillstand auf. Die Bewertung eines Parkassistenzsystems, im virtuellen Umfeld eines Fahrsimulators, ist ein praktisches Beispiel, bei dem eine realitätsnahe Abbildung der Fahrzeugreaktionen im kleinen Geschwindigkeitsbereich relevant ist.

Vor diesem Hintergrund beschäftigt sich die vorliegende Arbeit mit der Modellierung des Reifenverhaltens bei geringen Geschwindigkeiten. Ein wesentlicher Aspekt der Herangehensweise ist die Aufteilung der Modellierungsaufgabe in zwei Teilbereiche. Zunächst erfolgt die Beschreibung des Zustandes des Reifens, der zu jedem Zeitpunkt der Simulation die Interaktion zwischen Reifen und Fahrbahn eindeutig definiert. Anschließend wird diesem Zustand eine Wirkung, in Form einer in der Kontaktfläche wirkenden Kraft, zugeordnet.

Die Untersuchungen zur Zustandsbeschreibung erfolgen anhand eines physikalischen Modellansatzes, der die Vorgänge in der Kontaktfläche zwischen Reifen und Fahrbahn, dem Reifenlatsch, örtlich und zeitlich auflöst. Aus den kinematischen und physikalischen Zusammenhängen folgt schließlich eine örtlich verteilte Zustandsbeschreibung. Es wird gezeigt, dass diese die wesentlichen Eigenschaften eines Filters und eines Informationsspeichers hat. Diese Eigenschaften ermöglichen dem physikalischen Modell auch für Geschwindigkeiten von null eine eindeutige und numerisch stabile Zustandsbeschreibung. Für hohe Geschwindigkeiten nimmt die Beschreibung das Verhalten der herkömmlichen Schlupfdefinition an.

Durch die Kombination dieser physikalisch motivierten Zustandsbeschreibung mit einem linearen Kraftmodell, das dem Zustand eine Wirkung zuordnet, entsteht ein vollständiges Reifenmodell, das die zwischen Reifen und Fahrbahn wirkenden Kräfte in einer Gesamtfahrzeugsimulation zu jedem Zeitpunkt abbildet.

Systematische Analysen auf Basis von Sprung- und Sinusanregungen belegen die numerische Stabilität des Reifenmodells in Kombination mit einem Gesamtfahrzeugmodell.

Es zeigt sich, dass das Reifenmodell eine mit der Geschwindigkeit zunehmende Dämpfung aufweist. Die zugehörige Dissipation entsteht durch Elemente, die den Latsch durch die rotatorische Bewegung des Rades am Ende verlassen. Die in diesen Elementen gespeicherte Energie steht dem System folglich nicht mehr zur Verfügung. Aus dieser kinematischen Beziehung ergibt sich eine Dämpfung im System Reifen, die unabhängig von der Modellierung des viskoelastischen Materialverhaltens ist.

Für den Einsatz des Reifenmodells im Rahmen von Echtzeitsimulationen wird das physikalische Modell in ein mathematisches Ersatzmodell überführt, das die wesentlichen Eigenschaften des physikalischen Modells abbildet. Hierdurch kann auf die rechenzeitintensive Berechnung der örtlich verteilten Zustände des physikalischen Modells verzichtet und stattdessen das Reifenverhalten über einen einzigen Zustand beschrieben werden. Durch die Verwendung einer 4-Zonen Zustandsbeschreibung wird zudem ein stetiger Übergang zwischen allen Zuständen eines Reifens sichergestellt.

Eine Erweiterung des mathematischen Modells ermöglicht die Einbindung der kinematischen Effekte, die durch die Elastizität der Seitenwand eines Reifens entstehen. Darüber hinaus wird in diesem Zusammenhang eine mathematische Beschreibung der viskoelastischen Materialdämpfung in das Reifenmodell integriert. Neben der realitätsnahen Abbildung der Dämpfung und des dynamischen Verhaltens eines Reifens bis zum Stillstand wird bei der Modellierung dieser Eigenschaften darauf geachtet, dass sie keine Wechselwirkungen mit der Zustandsbeschreibung aufweisen. Hierdurch wird dem Anspruch einer einfachen Parametrierung und physikalischen Nachvollziehbarkeit des Gesamtmodells Rechnung getragen.

Abschließend wird das Reifenmodell durch die Einbindung eines empirischen Kraftmodells vervollständigt. Der Aufbau des Reifenmodells erlaubt es, beliebige Kraftmodelle zu verwenden.

Anhand von exemplarischen Simulationsrechnungen werden die Funktionsfähigkeit und das Verhalten des entwickelten Reifenmodells dargestellt. Das Reifenmodell wird hierzu in ein einfaches Viertelfahrzeugmodell integriert um die auftretenden Effekte eindeutig dem Reifen zuordnen zu können. Für die Bestimmung der Parameter des Reifenmodells wird ein Vorgehen vorgeschlagen, das auf einfachen Prüfstandsmessungen basiert.

Die Simulationsergebnisse zeigen ein numerisch stabiles und physikalisch plausibles Verhalten des Reifenmodells für sämtliche Betriebsbedingungen. Auch Situationen wie eine Blockierbremsung oder das Stehen in einer Steigung können mit dem entwickelten Reifenmodell abgebildet werden.

Abstract

Driven by the increase in computing power simulations in the domain of vehicle development are getting more and more important. Especially during the early stages of a development process they can make a decisive contribution to the enhancement of efficiency by reducing the number of prototypes and road tests.

Within this context the modeling of tire properties is an important element which, due to its complexity, often requires specific solutions. For the simulation of low speed applications there are additional requirements apart from the need for a representation of the friction force between tire and road surface being as realistic as possible concerning the numerical stability of the simulation. The reason for this can be found in the fact that the commonly used definition of longitudinal slip and side slip angle causes a singularity within the description for velocities equal to zero.

In this context the present thesis deals with the modeling of low speed tire characteristics. A fundamental aspect of the approach is to subdivide the model into a state description and a friction force model which represents the effect of the corresponding state.

The studies on the state description are made using a physical modeling approach which describes the interaction between tire and road surface in terms of time and place in the contact area. Based on the kinematic and physical interdependencies a locally distributed state description is developed. It is shown that this state description has the fundamental behavior of a filter as well as an information memory. These properties allow the physical model to have a distinct and numerically stable state description even for velocities of zero. For higher velocities the description adopts the behavior of the classical slip definition.

The combination of the physically motivated state description with a linear friction force model, which relates the acting force to the corresponding state, completes the tire model. The tire model is capable of representing the friction force between tire and road at any time within full vehicle simulations. Based on systematic analysis the numerical stability of the tire model can be demonstrated using step and sine wave excitations.

It is shown that the tire model has a damping behavior which is increasing with velocity. The related dissipation is caused by elements which are leaving the contact area at the trailing edge induced by the rotation of the tire itself. As a result, the energy which was stored within these elements does no longer contribute to the systems dynamic behavior. Thus a damping effect on the motion of the tire is created by the kinematic interaction of tire and road already without the modeling of the visco-elastic properties of the rubbery tire material.

To use the tire model within the scope of a real-time simulation the physical model is transferred into a mathematical model which shows the basic properties of the physical model. Hereby the computing time consuming calculation of the locally distributed states can be avoided and the tire behavior can be described by a single state instead. By using a 4-zone state description a continuous transition between all the states of longitudinal tire behavior can be guaranteed.

An extension of the mathematical tire model allows the representation of kinematic effects which are caused by the elasticity of the tire side walls. In addition a mathematical description of the tire material damping is included into the model. Besides the demand for a realistic representation of the damping and dynamic properties of the tire up to standstill it is taken into account that these properties don't have any interdependencies with the state description of the model. Hereby an easy parameterization process of the overall model can be guaranteed.

Finally the tire model is completed by including an empirical force model. The structure of the tire model enables the possibility of including various friction force models.

By performing simulation calculations the functionality and the behavior of the developed tire model is verified. For this purpose the tire model is included into a simple quarter vehicle model in order to associate the observed effects solely with the tire model. To determine the tire model parameters a procedure is proposed which is based on simple test bench measurements. As far as possible, these measurements are carried out within this thesis. Some of the parameters had to be derived from literature.

The simulation results show a numerically stable and physically feasible behavior of the tire model for all operating conditions. Even driving situations like tire lockup and standstill on a slope can be simulated with the developed tire model.

1 Einführung und Zielsetzung

Durch die Steigerung der Rechenleistung von Computern innerhalb der letzten Jahrzehnte hat auch der Bereich der Simulation erhebliche Fortschritte gemacht. Simulationen kommen insbesondere dann zum Einsatz, wenn die experimentelle Untersuchung realer Systeme zu aufwendig oder gefährlich ist oder das entsprechende reale System noch nicht existiert. Weitere Anwendungsbereiche ergeben sich, wenn das reale System nicht direkt beobachtet werden kann.

In der Fahrzeugentwicklung sind Simulationen insbesondere in der frühen Phase des Entwicklungsprozesses von großer Bedeutung. Eine frühzeitige Kenntnis des Systemverhaltens hilft, den Entwicklungsprozess effizient zu gestalten, indem die Anzahl aufwendiger Versuchen reduziert und der Bau von Prototypen vermieden werden können. Die Komplexität eines Fahrzeuges macht es hierbei erforderlich, das Gesamtsystem in einzelne Subsysteme zu unterteilen.

Unter den Subsystemen hat die Modellierung des Reifens in vielerlei Hinsicht einen herausragenden Stellenwert. Neben den Windkräften, die insbesondere bei hohen Relativgeschwindigkeiten auftreten, resultieren sämtliche auf ein Fahrzeug wirkenden Kräfte und Momente aus dem Kontakt zwischen Reifen und Fahrbahn. Neben der Fahrzeugführung durch die Übertragung der Kräfte und Momente zwischen Fahrbahn und Fahrzeug beeinflusst der Reifen den Fahrkomfort, die Geräuschentwicklung und den Energieverbrauch eines Fahrzeuges. Entsprechend vielfältig ist der Einsatz von Reifenmodellen.

Das jeweilige Anwendungsgebiet bestimmt hierbei die Art und den Aufbau der verwendeten Modelle. Es kommen Modelle in Form von einfachen mathematischen Funktionen zur Beschreibung einer einzelnen Eigenschaft bis hin zu aufwendigen FEM-Modellen, die das Verhalten auf einer strukturdynamischen Ebene beschreiben, zum Einsatz. Mit zunehmender Komplexität des Modells muss jedoch auch ein Anstieg der Simulationsdauer und ein erhöhter Aufwand bei der Parametrierung der Modelle in Kauf genommen werden. In [1] erfolgt eine Einteilung der Reifenmodelle nach der

Art des Modellansatzes und eine Bewertung der sich hieraus ergebenden Komplexität, vgl. Abbildung 1.1.

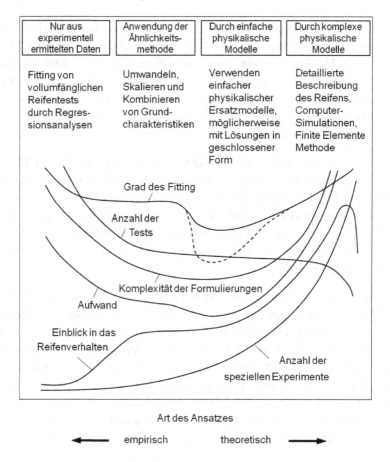

Abbildung 1.1: Kategorisierung und Bewertung von Reifenmodellen in Anlehnung an Pacejka [1].

Insbesondere bei Anwendungen, die die Echtzeitfähigkeit der Simulation voraussetzen, müssen Kompromisse zwischen der Abbildungsgüte und dem Rechenaufwand eingegangen werden.

In den letzten Jahren kommt der Modellierung des Reifens zudem eine steigende Bedeutung durch den Einsatz in Fahrdynamikregel- und Fahrzeugführungssystemen zu. Entsprechende Systeme unterstützen den Fahrer in kritischen Situationen oder sorgen für dessen Entlastung. Die ersten Anwendungsgebiete betreffen hierbei die Gewährleistung der Fahrstabilität bei höheren Geschwindigkeiten, indem kritische Fahrzustände erkannt und Eingriffe in das Brems- oder Lenksystem des Fahrzeuges unzureichende Fahrerreaktionen kompensieren.

Heute rücken darüber hinaus auch Anwendungen im niedrigen Geschwindigkeitsbereich in den Fokus der Betrachtung. Für den realen Straßenverkehr finden sich diese beispielsweise im Bereich der autonomen Fahrzeugführung. Ein weiteres Anwendungsgebiet ist der Einsatz in Fahrsimulatoren. Hierbei muss dem Probanden, unabhängig vom Untersuchungsgegenstand, ein über alle Fahrsituationen und Geschwindigkeiten ganzheitlich stimmiger Fahreindruck vermittelt werden.

In beiden Fällen ist es notwendig, das Reifenverhalten auch bei geringen Geschwindigkeiten bis hin zum Stillstand abzubilden. Darüber hinaus erfordern sie die Echtzeitfähigkeit einer entsprechenden Implementierung.

Die Modellierung des Reifenverhaltens erfolgt bei Fahrdynamikanwendungen mit Echtzeitfähigkeit in der Regel anhand empirischer Modellansätze. In Kombination mit der Annahme eines Einpunktkontaktes zwischen Reifen und Fahrbahn lässt sich so über die Zustandsgrößen Schlupf und Schräglaufwinkel eine effiziente Simulationsprozedur verwirklichen.

Modelle dieser Art liefern im Bereich hoher und mittlerer Geschwindigkeiten sehr gute Simulationsergebnisse, die das Reifenverhalten für den in der Fahrdynamik relevanten Frequenzbereich in vielen Fällen hinreichend genau abbilden.

Im Bereich kleiner Geschwindigkeiten kommt es bei dieser einfachen Art von Modellen jedoch zu Singularitäten in der Zustandsbeschreibung. Diesem Aspekt wird gelegentlich durch numerisch motivierte Eingriffe in die Zustandsbeschreibung begegnet, um die Stabilität der Simulation zu gewährleisten. Diese Eingriffe führen in der Simulation jedoch zu einem unrealis-

tischen Systemverhalten. Die Ursache dafür ist in der Regel in nicht modellierten Aspekten des realen Systems zu finden.

Das Verhalten des Reifens im Übergang zwischen Stillstand und Bewegung
wird in der vorhandenen Literatur bisher nur in Ansätzen zur Lösung indi-
vidueller Fragestellungen behandelt. Eine ganzheitliche Betrachtung dieses
Betriebsbereiches steht noch aus.

Zielsetzung dieser Arbeit ist ein ganzheitlicher Ansatz zur Abbildung der
Reifenkräfte bis hin zum Fahrzeugstillstand. Es sollen sämtliche in der
Realität auftretenden Fahrzustände abgebildet werden. Dies umfasst beispielsweise das Abbremsen bis zum Stillstand des Fahrzeuges oder das
Anhalten an einer Steigung. Ein weiterer wichtiger Aspekt ist die Echtzeitfähigkeit des Modells und die damit verbundene Möglichkeit des Einsatzes
in einem Fahrsimulator. Neben einem schnellen Simulationsablauf ist hierbei
insbesondere die numerische Stabilität des Modells zu gewährleisten.

In diesem Zusammenhang ist es das Ziel, das Kraftmodell aufgrund seiner
vielen Einflussparameter, auch den der Geschwindigkeit, durch ein empirisches, physikalisch motiviertes Modell zu beschreiben. Nur so kann der
Aufwand bei der Parametrierung auf ein hinnehmbares Maß begrenzt
werden. Im Fokus der Betrachtung steht eine über den gesamten Geschwindigkeitsbereich gültige und eindeutige Beschreibung des aktuellen Zustandes
des Reifens.

2 Grundlagen der Reifenmodellierung

Die Kraftübertragung zwischen Reifen und Fahrbahnoberfläche basiert grundlegend auf der Reibung zwischen beiden Körpern in der Kontaktfläche [2]. Durch die Wirkung eines Antriebs- oder Bremsmomentes verformt sich der, gegenüber der Fahrbahn wesentlich elastischere, Reifen. Hierbei entsteht eine, der Verformung entgegen gerichtete, Kraft. Werden die lokalen Kräfte in einem Kontaktpunkt zwischen Reifen und Fahrbahn zu groß, kommt es zum Gleiten. Nach Kummer und Meyer wird die hierbei auftretende Reibkraft durch die Größen Adhäsion und Hysterese beschrieben [3].

2.1 Modellkomponenten

Die Beschreibung der durch einen Reifen bereitgestellten Kraft lässt sich in zwei Teile untergliedern. Dies sind die Beschreibung des Zustandes des Reifens und die aus diesem Zustand resultierende Kraft. Der Zustand wird über die kinematische Beschreibung von Lage und Geschwindigkeit des Reifens gegenüber der Straße definiert [4]. In einem zweiten Schritt kann dem beschreibenden Zustand über ein Kraftmodell eine in der Latschfläche wirkende Kraft zugeordnet werden. Das Kraftmodell wird hierbei durch physikalische Größen, wie Materialsteifigkeit, Flächenpressung und Reibeigenschaften von Gummi und Straßenoberfläche bestimmt [5], [6].

Durch die geringe Steifigkeit des Reifens bildet sich durch die Beaufschlagung mit einer Normalkraft zwischen Reifen und Fahrbahn eine Kontaktfläche, der sogenannte Reifenlatsch, aus, vgl. Abbildung 2.1.

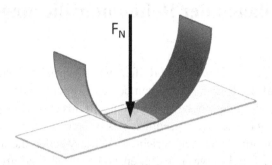

Abbildung 2.1: Kontaktfläche zwischen Reifen und Fahrbahn infolge einer Normalkraft F_N.

Für jedes Element innerhalb dieser Fläche kann die Lage und die Geschwindigkeit gegenüber der Fahrbahn berechnet werden, die den Zustand dieses Elementes definieren. Betrachtet man die Straßenoberfläche als ebenen, starren Körper, so werden die kinematischen Zustandsgrößen der Elemente durch die Lage- und Geschwindigkeitsvektoren des Rades bestimmt.

Die Fahrbahnoberfläche bildet hierbei eine Zwangsbedingung hinsichtlich der Position der Reifenelemente. Für jeden Punkt in der Kontaktfläche ergibt sich somit ein eigener Zustand, dem eine entsprechende Kraft zugeordnet werden kann. Aus der Summe dieser Teilkräfte resultiert die zwischen Reifen und Fahrbahn wirkende Gesamtkraft.

Bei der klassischen Zustandsbeschreibung über Schlupf und Schräglaufwinkel wird auf die Betrachtung der Verformung des Reifens sowie die Ausbildung einer Kontaktfläche verzichtet und stattdessen von einem Einpunktkontakt zwischen Reifen und Fahrbahn ausgegangen. Hierdurch reduzieren sich die für die Zustandsbeschreibung nötigen Eingangsgrößen auf die im entsprechenden Kontaktpunkt auftretenden Geschwindigkeiten.

Da die Kräfte, die den Zuständen zugeordnet werden, in einem rechtwinkligen Koordinatensystem bezüglich der Radachsen definiert werden, ist es zweckmäßig, auch die Zustandsbeschreibung anhand dieser Richtungen vorzunehmen [7], [8]. Für die in Reifenlängsrichtung wirkende Umfangskraft F_U erfolgt die Zustandsbeschreibung über die Kenngröße des Schlupfes, wobei häufig zwischen den Betriebszuständen Antreiben und Bremsen unterschieden wird.

Antreiben für $v_{th} \geq v_F$:

$$\lambda_A = \frac{v_{th} - v_F}{v_{th}} = \frac{\omega_R \cdot r_{dyn} - v_F}{\omega_R \cdot r_{dyn}} \qquad \text{Gl. 2.1}$$

Bremsen für $v_{th} \leq v_F$:

$$\lambda_B = \frac{v_F - v_{th}}{v_F} = \frac{v_F - \omega_R \cdot r_{dyn}}{v_F} \qquad \text{Gl. 2.2}$$

Dabei ist v_F die Geschwindigkeit des Fahrzeuges und v_{th} die Geschwindigkeit, die das Fahrzeug bei einem umfangskraftfrei abrollenden Rad mit Winkelgeschwindigkeit ω_R hätte. In Anlehnung an [9] zeigt Abbildung 2.2 die sich ergebenden Zustände in Abhängigkeit von den beschreibenden Größen v_F und v_{th} für die Schlupfdefinitionen nach Gleichung 2.1 und 2.2.

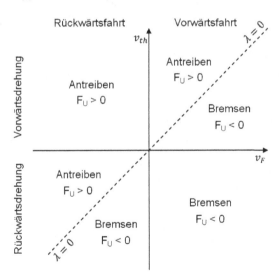

Abbildung 2.2: Mögliche Zustände des Reifens in Umfangsrichtung.

Für diese Zustandsdefinition wird folglich ein Zustand, bei dem die resultierende Umfangskraft F_U in Richtung der positiven Fahrzeuglängsachse zeigt, als „Antreiben" und ein Zustand, bei dem die Kraft entgegen dieser zeigt, als „Bremsen" definiert. Sind die theoretische und die tatsächliche Fahrgeschwindigkeit identisch, rollt das Rad bei Vernachlässigung des Rollwiderstandes umfangskraftfrei ab. Der Zustand ist für diesen Fall $\lambda = 0$.

Für die im Kontaktpunkt wirkende Querkraft wird als beschreibender Zustand die Größe des Schräglaufwinkels α verwendet. Dieser definiert sich anhand der Quergeschwindigkeit des Rades v_y über der Fahrbahnoberfläche im Kontaktpunkt und der Längsgeschwindigkeit v_x in Reifenlängsrichtung, vgl. [7].

$$\alpha = atan\left(\frac{v_y}{v_x}\right)$$ Gl. 2.3

Die Zuordnung einer Kraft zum entsprechenden Zustand erfolgt im einfachsten Fall auf Basis einer mathematischen Funktion, deren Verlauf auf empirisch erfassten Messwerten basiert. Bei dieser Vorgehensweise ist es notwendig, alle möglichen Zustände messtechnisch zu erfassen und gegebenenfalls zwischen den Zuständen zu interpolieren. Zustände, die durch die Reduzierung auf einen Einpunktkontakt vernachlässigt werden –z.B. Sturz–, werden bei diesen Modellen über eine Erweiterung des Kraftmodells berücksichtigt.

Die Zustandsbeschreibung nach Gleichung 2.1 bis 2.3 stellt die gängigste Form in der Mehrzahl der Reifenmodelle dar. Sie ist jedoch nicht in der Lage, den gesamten, im Fahrbetrieb relevanten, Geschwindigkeitsbereich zu erfassen, da die Zustände für den Fall, dass die Geschwindigkeit im Nenner zu null wird, nicht definiert sind. Die hiermit zusammenhängende Problematik beim Einsatz dieser Zustandsbeschreibungen in der Simulation eines Gesamtsystems aus Zustandsbeschreibung, Kraftmodell und Fahrzeugmodell wird im Folgenden erörtert.

2.2 Problematik der Zustandsbeschreibung

Die Betrachtungen erfolgen zunächst anhand der Bremsschlupfdefinition, werden im Anschluss aber auch auf den Fall des Antreibens übertragen. Der Bremsschlupf ist für $v_F = 0$ nicht definiert, vgl. Gleichung 2.2. Durch die Nebenbedingung $v_{th} \le v_F$ ist gewährleistet, dass der Zähler des Terms immer kleiner als der Nenner ist. Somit ist die Zustandsbeschreibung auf das Intervall $\lambda_B \in [0,1]$ beschränkt. Trotz dieser Beschränkung ergibt sich in der Umgebung von $v_F = 0$ ein für die numerische Simulation ungeeignetes Verhalten.

Im Folgenden wird dies gezeigt, indem die Schlupfdefinition auf ein einfaches Viertelfahrzeugmodell, bestehend aus einem Rad mit dem Massenträgheitsmoment J_R und einer Aufbaumasse m_A, angewendet wird. Abbildung 2.3 zeigt den Aufbau und die beschreibenden Größen des Modells. Roll- und Luftwiderstand werden in dieser Betrachtung vernachlässigt.

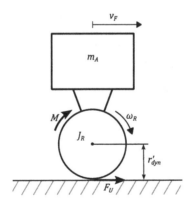

Abbildung 2.3: Aufbau des Viertelfahrzeugmodells.

Die Betrachtungen erfolgen um einen beliebigen Arbeitspunkt des Bremsschlupfes $\bar{\lambda}_B \in [0,1]$. Das mathematische Kraftmodell kann für die Umgebung des Arbeitspunktes $\bar{\lambda}_B$ durch einen linearen Zusammenhang zwischen

Bremsschlupf und Bremskraft F_B, über die lokale Schlupfsteifigkeit im Arbeitspunkt $c_{\bar{\lambda}_B}$, angenähert werden, vgl. Gleichung 2.4.

$$F_B = c_{\bar{\lambda}_B} \cdot \lambda_B + F_{B,0} \qquad\qquad \text{Gl. 2.4}$$

Abbildung 2.4 stellt die Linearisierung der Bremskraft grafisch dar.

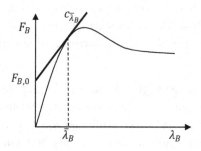

Abbildung 2.4: Linearisierung der Bremskraft F_B um einen Arbeitspunkt $\bar{\lambda}_B$ des Bremsschlupfes über die lokale Schlupfsteifigkeit $c_{\bar{\lambda}_B}$.

Für $\bar{\lambda}_B = 0$ entspricht $c_{\bar{\lambda}_B}$ der Schlupfsteifigkeit des Reifens und der Schnittpunkt mit der Bremskraftachse $F_{B,0}$ ist null.

Das Viertelfahrzeugmodell verfügt über einen rotatorischen und einen translatorischen Freiheitsgrad. Die entsprechenden Bewegungsgleichungen lauten unter der getroffenen Annahme einer Vernachlässigung von Roll- und Luftwiderstand, vgl. Abbildung 2.3:

$$M - F_U \cdot r'_{dyn} = J_R \cdot \dot{\omega}_R \qquad\qquad \text{Gl. 2.5}$$

$$F_U = m_A \cdot \dot{v}_F \qquad\qquad \text{Gl. 2.6}$$

Aus der positiv definierten Bremskraft F_B aus Gleichung 2.4 folgt eine negative Umfangskraft F_U.

$$F_U = -F_B = -c_{\tilde{\lambda}_B} \cdot \lambda_B - F_{B,0} \qquad \text{Gl. 2.7}$$

Zu untersuchen ist die Änderung des Schlupfzustandes infolge einer externen Anregung des Modells über ein auf das Rad wirkendes Moment M. Der Schlupfzustand λ_B nach Gleichung 2.2 ist eine Funktion der beiden Veränderlichen ω_R und v_F. Seine Änderung wird durch das totale Differential nach Gleichung 2.8 beschrieben.

$$d\lambda_B = \frac{\partial \lambda_B}{\partial \omega_R} \cdot d\omega_R + \frac{\partial \lambda_B}{\partial v_F} \cdot dv_F \qquad \text{Gl. 2.8}$$

Für die Änderung des Schlupfes bezüglich einer Zeitbasis t folgt aus Gleichung 2.8, vgl. Anhang A.1:[1]

$$\dot{\lambda}_B = -\left(\frac{r_{dyn}^2 \cdot c_{\tilde{\lambda}_B}}{v_F \cdot J_R} + \frac{\omega_R \cdot r_{dyn} \cdot c_{\tilde{\lambda}_B}}{v_F^2 \cdot m_A} \right) \cdot \lambda_B - \frac{r_{dyn}}{v_F \cdot J_R} \cdot M \qquad \text{Gl. 2.9}$$

Aus Gleichung 2.9 ist unter Berücksichtigung der Nebenbedingung für den Bremsschlupf $\omega_R \cdot r_{dyn} = v_{th} \leq v_F$ zu erkennen, dass die Faktoren der Modellvariablen λ_B und M für $v_F \to 0$ gegen ∞ streben. Die Reaktion der Zustandsgröße λ_B auf eine externe Anregung durch ein Moment M oder einen numerischen Fehler in der Berechnung von λ_B steigt somit mit sinkender Geschwindigkeit v_F.

Die gleichen Überlegungen führen für den Antriebsschlupf und die damit verbundene Nebenbedingung $\omega_R \cdot r_{dyn} \geq v_F$ zu Gleichung 2.10.

$$\dot{\lambda}_A = -\left(\frac{v_F \cdot c_{\tilde{\lambda}_A}}{\omega_R^2 \cdot J_R} + \frac{c_{\tilde{\lambda}_A}}{\omega_R \cdot r_{dyn} \cdot m_A} \right) \cdot \lambda_A + \frac{v_F}{\omega_R^2 \cdot r_{dyn} \cdot J_R} \cdot M \qquad \text{Gl. 2.10}$$

---

[1] Für die dargestellten Betrachtungen kann ohne Einschränkung $r'_{dyn} = r_{dyn}$ angenommen werden.

Analog zur Bremsschlupfdefinition führt auch für diesen Fall eine geringere Geschwindigkeit $v_{th} = \omega_R \cdot r_{dyn}$ zu einer Zunahme der Änderung des Systemzustandes λ infolge einer Anregung. Diese Eigenschaft eines Systems wird auch als dessen Steifigkeit bezeichnet.

Die zunehmende Systemsteifigkeit hat zur Folge, dass bei der Verwendung von expliziten Integrationsverfahren in der numerischen Simulation die Schrittweite mit sinkender Geschwindigkeit reduziert werden muss, um die Stabilität des Integrationsverfahrens sicherzustellen. Die hieraus resultierende Zunahme der pro Zeitintervall benötigten Rechenoperationen gefährdet jedoch die Forderung nach der Echtzeitfähigkeit vieler Anwendungen. Zudem erscheint der Umstand, dass der Reifen mit einer gegen null sinkenden Geschwindigkeit unendlich schnell auf die Anregung durch ein Bremsmoment reagiert, als physikalisch unplausibel.

Die in diesem Kapitel beschriebenen Überlegungen zeigen, dass die gängigen Zustandsdefinitionen über Antriebs- und Bremsschlupf nach Gleichung 2.1 und 2.2 für die Anwendung bei geringen Geschwindigkeiten und dem Stillstand eines Fahrzeuges bei $v_F = v_{th} = 0$ ungeeignet sind.

3 Stand der Forschung

Das Kraftübertragungsverhalten eines Reifens basiert auf einer Vielzahl von Einflussfaktoren. Dies führt zu einer hohen Komplexität bei der Modellierung des Reifens. Gesteigert wird diese dadurch, dass der Reifen nicht als alleinstehendes System, sondern nur in Zusammenhang mit seinem Reibpartner, der Straßenoberfläche, und einem möglicherweise vorhandenen Zwischenmedium betrachtet werden kann. Doch selbst ohne die Betrachtung dieser Wechselbeziehungen ergeben sich bei der Beschreibung des Reifens eine für die Simulation nachteilig große Anzahl von Parametern, die einen wesentlichen Einfluss auf das Reifenverhalten haben können. Neben den geometrischen Abmessungen des Reifens und dessen Profil zählen hierzu insbesondere die Materialeigenschaften, Reifenverschleiß und Temperatureinflüsse. Wechselnde Verformungsfrequenzen während des Betriebs eines Reifens sorgen zudem dafür, dass diese Parameter ständigen Änderungen unterliegen.

Bedingt durch diese hohe Komplexität befassen sich viele Forschungsarbeiten mit der Aufgabe, das Reifenverhalten durch Ersatzmodelle zu beschreiben, die eine einfache Parametrierung und Implementierung in Gesamtfahrzeugmodellen ermöglichen. Einschränkungen hinsichtlich des Anwendungsbereiches sind hierbei jedoch unumgänglich.

Wie im vorherigen Kapitel beschrieben, können Reifenmodelle in die beiden Teilaspekte „Zustandsbeschreibung" und „Kraftmodell" untergliedert werden. Entsprechend dieser Aufteilung befasst sich der erste Teil der Literaturrecherche mit dem Geschwindigkeitseinfluss auf das Reibkraftverhalten zwischen Reifen und Fahrbahn. Die Zustandsbeschreibung erfolgt in diesen Fällen auf Basis der klassischen Schlupfdefinition aus Kapitel 2.1. Der zweite Teil der Literaturrecherche betrifft Lösungsansätze für die in Kapitel 2.2 beschriebene Singularität der Zustandsbeschreibung für $v_F = 0$ bzw. $v_{th} = 0$ bei Verwendung der klassischen Schlupfdefinition. Abschließend wird in diesem Kapitel ein bestehendes Modell zur Beschreibung der Vorgänge im Reifenlatsch vorgestellt.

Der Einfluss der Fahrzeuggeschwindigkeit auf das Reifenverhalten wurde zunächst nur im Zusammenhang mit dem quasistationären Reifenverhalten in Form von empirischen Kraftmodellen betrachtet [10], [11]. Bei diesem Aspekt sind insbesondere die Reibeigenschaften des Gummis von Interesse, die eine starke Abhängigkeit von der Gleitgeschwindigkeit zeigen [12], [13].

Erste messtechnische Untersuchungen zum geschwindigkeitsabhängigen Kraftschlussverhalten von Reifen können bei Fancher [14] gefunden werden. Er führt Umfangs- und Seitenkraftmessungen bei 10, 30 und 50 mph durch. Die Messungen zeigen einen Einfluss der Geschwindigkeit auf das stationäre Umfangs- und Seitenkraftverhalten bei großen Schräglaufwinkel- und Schlupfwerten. Für die Seitenkraft kommt es zu einer Abnahme der übertragbaren Kräfte mit steigender Geschwindigkeit. Im Fall der Umfangskraft trifft dies für die Messungen bei 10 auf 30 mph ebenfalls zu. Die Ergebnisse bei 50 mph liefern jedoch keine eindeutige Bestätigung dieses geschwindigkeitsabhängigen Verhaltens.

In einer neueren Untersuchung von Guo [12] zum Geschwindigkeitseinfluss auf das Seitenkraftverhalten zeigt sich ebenfalls, dass der Einfluss der Geschwindigkeit nicht vernachlässigt werden kann. Insbesondere in Bereichen mit hohem Gleitreibungsanteil nimmt der Kraftschlussbeiwert eines Reifens mit sinkender Geschwindigkeit zu. Experimente mit Gummiproben zeigen, dass der Gleitreibbeiwert von Gummi auf trockener Fahrbahn ein Maximum für Gleitgeschwindigkeiten von 1 m/s aufweist. Sowohl für höhere als auch für niedrigere Geschwindigkeiten zeigt er einen kontinuierlich fallenden Verlauf.

J. de Hoogh [15] erweitert das empirische Reifenmodell „Magic Formula" um einen Geschwindigkeitseinfluss. Basierend auf Messungen schlägt er eine lineare Reduzierung des Kraftschlussmaximums mit steigender Übergrundgeschwindigkeit vor. Die Ergebnisse für den Gleitreibungsbeiwert bei einer Blockierbremsung zeigen hingegen keine Abhängigkeit von der hierbei vorliegenden Gleitgeschwindigkeit. De Hoogh weist jedoch selbst darauf hin, dass sich dieses Verhalten nicht mit anderen Messungen aus der Literatur deckt.

Die negativen Auswirkungen der Singularität der klassischen Zustandsbeschreibung bei Geschwindigkeiten von null sind in der Literatur bereits
mehrfach beschrieben. In vielen Fällen gehen diese Untersuchungen mit der
Betrachtung des dynamischen Reifenverhaltens einher.

Bereits 1973 veröffentlicht Bernard einen Bericht zu einer Studie des Brems-
und Lenkverhalten von Lastkraftwagen und Sattelzügen, in deren Rahmen
computergestützte Simulationen durchgeführt werden. Sein verwendetes
Reifenmodell basiert auf den klassischen Schlupf- und Schräglaufwinkel-
definitionen. Um bei kleinen Geschwindigkeiten die numerische Stabilität
seiner Simulationen zu gewährleisten, verzichtet er unterhalb von 1,5 m/s [1]
auf die Berechnung des Zustandes über Schlupf und Schräglaufwinkel und
geht von einer gleichbleibenden Umfangs- und Seitenkraft des Reifens aus
[16].

Ebenfalls mit einer Begrenzung der Zustandsbeschreibung arbeitet Baumann
[9]. Er begrenzt die Schlupfdefinition auf Werte der im Nenner auftretenden
Geschwindigkeit, die eine numerische Stabilität der Simulation gewährleisten. Für die von ihm durchgeführten Simulationen beträgt der Grenzwert
10^{-3} m/s. Sinkt die Geschwindigkeit unter diesen Grenzwert, setzt er den
Schlupf zu null.

Um ein Auftreten des Wertes null im Nenner der Zustandsbeschreibung zu
verhindern, ergänzt Rill in seiner Ausarbeitung zur Bewertung der
Leistungsfähigkeit expliziter und impliziter ODE-Solver den Nenner der
herkömmlichen Schlupfdefinition um einen konstanten Term v_{num}. Für
einen Wert von $v_{num} = 2$ m/s erreicht er ein stabiles Verhalten für
Simulationen mit dem expliziten Eulerverfahren beim Übergang von
positiven zu negativen Geschwindigkeiten [17].

Erste simulative Untersuchungen zum dynamischen Reifenverhalten können
bei Bernard und Clover [18] gefunden werden. Sie entwickeln eine Zustandsbeschreibung, die auf einem hypothetischen Reifenelement basiert, das sich

---

[1]Im Originaltext beträgt die Grenze 5 fps. Dies sind ungefähr 1,524 m/s.

eine Strecke b hinter dem Latschbeginn befindet. Für dieses Element wird ein Zustand definiert, der die Auslenkung dieses Elementes bezüglich des Latscheinlaufes beschreibt. Durch Differentiation ergibt sich die Änderung dieses Zustandes in Abhängigkeit von der Längs- und Quergeschwindigkeit im entsprechenden Latschpunkt. Die entstehende Differentialgleichung erster Ordnung bezüglich der Zustandsvariablen $\tan(\alpha)$ beschreibt einen zeitlich verzögerten Aufbau des Schräglaufwinkels. Im Rahmen einer numerischen Simulation weisen die Autoren die Stabilität des Modells bis zum Stillstand nach. Für Geschwindigkeiten von null zeigt das Modell eine annähernd ungedämpfte Schwingung. Da sie dieses Verhalten als nicht realistisch ansehen, führen sie für sehr kleine Geschwindigkeiten eine Dämpfung ein, die mit dem ersten Durchschreiten von $v = 0$ aktiv wird. Für die Schlupfdefinition entwickeln sie ein zur beschriebenen Schräglaufwinkel-definition analoges Modell.

In einer neueren Veröffentlichung von Bernard und Clover [19], vertiefen sie ihre Betrachtungen aus [18] und untersuchen das Schwingungsverhalten des Systems aus Reifen und zeitlich verzögertem Schlupfaufbau. Hierfür werden Schlupf und Umfangskraft-Schlupfkurve linearisiert. Sie zeigen ein schwin-gendes Verhalten für kleine Geschwindigkeiten und erwähnen, dass die Möglichkeit einer ungünstigen Wechselwirkung mit Anregungsfrequenzen von ABS-Systemen besteht.

Zegelaar [20] entwickelt zur Simulation des transienten Reifenverhaltens, wie es bei schnellen Bremsmomentänderungen im Falle von ABS Bremsungen auftritt, ein Reifenmodell, das aus einem starren Ring besteht, der durch Federn, die die elastische Seitenwand abbilden, an die Felge gekoppelt ist. Für die Zustandsbeschreibung zwischen Ring und Straßen-oberfläche verwendet er eine Schlupfdefinition, die auf dem Einlauflängen-konzept basiert und ein System erster Ordnung darstellt. Diese Beschreibung gewährleistet eine zulässige Definition des Reifenzustandes bis zu Geschwindigkeiten von null.

Pacejka [1] erweitert die Untersuchungen von Zegelaar auf vier transiente Reifenmodelle. Für seine Betrachtungen verwendet er ein Viertelfahrzeug-modell. Die Reifenmodelle basieren prinzipiell alle auf einer PT1 förmigen

Dynamik. Eines der Modelle wird zusätzliche um eine Masse in der Latschfläche des Reifens erweitert. Die Modelle ohne Masse zeigen alle ein ungedämpftes Verhalten bei Geschwindigkeit null. Daher führt Pacejka eine „künstliche Dämpfung" ein, die unterhalb einer festzulegenden Geschwindigkeit für eine zusätzliche Dämpfung des Systems sorgt. Beim massebehafteten Modell kann es durch die relativ geringe Masse im Reifenlatsch zu hochfrequenten Schwingungen kommen. Dieser Umstand ist bei der gewählten Simulationsschrittweite zu berücksichtigen um die numerische Stabilität des Modells zu gewährleisten. Die durchgeführten Simulationen mit dem Fahrzeugmodell zeigen bei allen vier Reifenmodellansätzen ein numerisch stabiles Verhalten bis zum Stillstand.

Dem Ansatz von Rill [17] entsprechend, erweitert auch Lee [21] den Nenner der Schlupfdefinition um einen zusätzlichen Term. Anders als Rill verwendet er jedoch keinen konstanten Wert, sondern begrenzt über den Parameter die mit sinkender Geschwindigkeit zunehmende Systemsteifigkeit. Der ergänzende Term ist hierbei eine Funktion der Schlupfsteifigkeit, der Bewegungsgrößen von Rad und Aufbau sowie der Simulationsschrittweite. Durch die eingeführte Begrenzung ist stets die numerische Stabilität des Systems gewährleistet.

Für einen Vergleich seiner Methode mit der Zustandsbeschreibung von Bernard [18] simuliert er eine Blockierbremsung bis zum Stillstand. Die beiden Modelle zeigen lange Zeit ein ähnliches Verhalten. In der Nähe des Stillstandes und beim Stillstand selbst ergibt sich beim Modell von Bernard die bereits erwähnte oszillierende Schwingung. Es scheint, dass der Autor für die Vergleichssimulation und auch in seinen vorherigen Beschreibungen das Modell von Bernard ohne zusätzliche Dämpfung verwendet hat. Hingegen ergeben sich bei der Methode von Lee durch den zusätzlichen Term im Nenner größere Abweichungen von den quasistationären Werten der herkömmlichen Schlupfdefinition. Zudem ergeben sich, je nach Wahl der maximalen Systemsteifigkeit, Änderungen in den simulierten Anhaltewegen. Dieser Sachverhalt lässt sich durch die mit der Begrenzung einhergehende Veränderung der Zustandsvariable erklären.

Shiang-Lung Koo [22], [23] entwickelt ein Reifenmodell für den Bereich der Querdynamik. Er integriert in sein Modell zusätzliche Freiheitsgrade, die das

Federungsverhalten des Reifens abbilden. Experimente zeigen, dass insbesondere bei kleinen Geschwindigkeiten das reale Systemverhalten eines Fahrzeuges im Bereich der Querdynamik hierdurch besser abgebildet wird. In einer weiteren Arbeit [24] zeigt er, dass die Modellierung der Reifenfederungs- und Dämpfungseigenschaften, insbesondere für Spurführungsaufgaben, bei kleinen Geschwindigkeiten zu berücksichtigen sind.

Es kann festgehalten werden, dass die Probleme, die bei der Simulation des Reifenverhaltens bei geringen Geschwindigkeiten auftreten, bereits seit einigen Jahren bekannt sind. In vielen Fällen finden die Betrachtungen im Zusammenhang mit der Modellierung des dynamischen Reifenverhaltens statt. Eine detaillierte Untersuchung der grundlegenden Wirkzusammenhänge bleibt jedoch aus. Stattdessen werden die Modelle durch mathematische oder physikalisch motivierte Ergänzungen dahingehend erweitert, dass sie ein realistisches und numerisch stabiles Verhalten zeigen.

Für die Untersuchung komplexer Systeme und Wirkzusammenhänge wird häufig eine Diskretisierung vorgenommen, die das komplexe Gesamtproblem durch kleine, besser überschaubare, Teilprobleme abbildet. Ein gängiges Modell im Bereich des Reifens, das eine solche Diskretisierung darstellt, ist das in der Literatur ausführlich beschriebene Bürstenmodell [25], [26], [27], [28]. Der grundlegende Aufbau des Modells geht auf Überlegungen von Fromm zum Abrollverhalten deformierbarer Scheiben zurück [29]. Der Name des Modells ist hierbei beschreibend für seinen Aufbau. Die Kontaktfläche zwischen Reifen und Fahrbahn, der sogenannte Reifenlatsch, wird durch eine feste Anzahl von Borstenelementen örtlich diskretisiert. Die einzelnen Borsten weisen ein vereinfachtes, lineares Materialverhalten auf. Eine wechselseitige Beeinflussung der Borstenelemente wird in der Grundform des Modells ausgeschlossen.

Durch seinen einfachen Aufbau kann das Bürstenmodell sowohl für die Beschreibung der Kraft in Umfangsrichtung, als auch für das Seitenkraftverhalten eines Reifens genutzt werden. Das Bürstenmodell basiert auf der Betrachtung rein kinematischer Beziehungen und der hieraus resultierenden Verformung der einzelnen Borsten. Diese Verformung stellt ein vereinfachtes Verformungs- und Kraftaufbauverhalten des Reifens beim Auftreten von Schlupf oder Schräglaufwinkeln dar.

Das eine Ende der Borstenelemente ist fest mit der Fahrbahnoberfläche verbunden und bewegt sich relativ zur Radhochebene mit der Übergrundgeschwindigkeit v_x des Rades. Rollt das Rad ohne Schräglaufwinkel, entspricht v_x der Fahrzeuggeschwindigkeit v_F. Das andere Ende des Elementes ist an eine virtuelle Stelle des Reifens gekoppelt, die sich, relativ zur Radhochebene, mit der theoretischen Geschwindigkeit v_{th} des Rades bewegt, vgl. Abbildung 3.1.

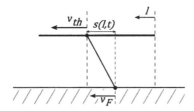

Abbildung 3.1: Kinematische Beziehungen des Bürstenmodells.

Beim Eintritt in die Latschfläche an der Position $l = 0$ ist die Auslenkung der Borsten $s(0, t) = 0$. Wenn kein Schlupf vorhanden ist, bewegen sich die Elemente mit der Geschwindigkeit $v_{th} = v_F$ durch die Latschfläche ohne ihre Ausrichtung zu ändern. Kommt es zu einer Differenz zwischen den beiden Geschwindigkeiten, werden die Elemente aus ihrer zur Fahrbahn vertikalen Position ausgelenkt, vgl. [1]. Hierbei wird die Annahme getroffen, dass die Geschwindigkeiten v_F und v_{th} in jedem Punkt der Latschfläche identisch wirken.

Die Elemente verlassen den Latsch, wenn sie das Ende der Latschfläche erreicht haben. Die Übertragung einer Kraft zwischen Reifen und Fahrbahnoberfläche ist nur möglich, während sich die Elemente im Bereich der Latschfläche befinden. Die Kraft, die durch eine einzelne Borste übertragen wird ist dabei proportional zu ihrer Auslenkung und wirkt parallel zur Fahrbahnoberfläche. Die Borsten weisen im Modell somit das Verhalten einer Feder auf.

In der Realität wird die maximal übertragbare Kraft, und entsprechend auch die maximale Auslenkung einer Borste, zwischen Reifen und Fahrbahnoberfläche durch den maximalen Kraftschlussbeiwert beschränkt. In vielen

Modellen wird dieser als über der Latschlänge konstant angenommen [1], [10], [27], [28]. Die maximal erreichbare Auslenkung eines Borsten- elementes ist somit proportional zum entsprechenden Kraftschlussbeiwert und der im entsprechenden Kontaktpunkt wirkenden Normalkraft. Erreicht ein Element die Haftgrenze, beginnt es zu gleiten. Die Kraft, die dieses Element nunmehr zur Gesamtkraft beiträgt, wird durch den Gleitreibungs- beiwert zwischen Reifengummi und Fahrbahnoberfläche bestimmt. Für detailliertere Modelle muss hierbei neben der inhomogenen Flächen- pressungsverteilung im Reifenlatsch zusätzlich die Abhängigkeit des Gleit- reibbeiwertes von der Gleitgeschwindigkeit berücksichtigt werden.

Ein weiterer Parameter des Bürstenmodells ist die Länge L des Reifen- latsches. Bei den Betrachtungen in dieser Arbeit wird davon ausgegangen, dass diese unabhängig von der Geschwindigkeit ist. Diese Annahme stützt sich auf Berechnungen von Gong [30], der festgestellt hat, dass eine Variation der Rotationsgeschwindigkeit nur einen sehr geringen Einfluss auf die Kontaktlänge hat. Vielmehr kommt es zu einer leichten Verschiebung der Kontaktfläche in Richtung Latscheinlauf. Ähnliche Ergebnisse finden sich bei Zeng-Xin Yu [31].

Bei in der Literatur gefundenen Untersuchungen wird das Bürstenmodell insbesondere für die Beschreibung des quasistationären Reifenverhaltens bei konstantem Schlupf oder Schräglaufwinkel verwendet [1], [10]. Wird den einzelnen Borsten eine maximale Auslenkung zugeordnet, wodurch der Reifenlatsch in ein Haft- und ein Gleitgebieten unterteilt wird, kann auch ein nichtlineares Kraftschlussverhalten modelliert werden. Mit einer mathe- matischen Beschreibung der Haftgrenze für die einzelnen Borstenelemente lässt sich zudem eine analytische Lösung für das Umfangs- und Seiten- kraftverhalten ableiten. Dieses Vorgehen bedarf jedoch einer detaillierten Kenntnis der Flächenpressungsverteilung im Latsch, sowie der Haft- und Gleitreibungsbeiwerte zwischen Reifen und Fahrbahn. Insbesondere die Bestimmung der Flächenpressungsverteilung stellt in der Praxis eine schwierige Aufgabe dar, für die es spezieller Sensoren oder Messvor- richtungen bedarf [32].

4 Analyse der Vorgänge im Reifenlatsch anhand des Bürstenmodells

Die Klärung der Fragestellung nach dem Reifenverhalten bei geringen Geschwindigkeiten und dessen Abbildung in der Simulation erfolgt in dieser Arbeit durch eine detaillierte Betrachtung der Vorgänge in der Kontaktfläche zwischen Reifen und Fahrbahn. Die Beschreibung der Vorgänge kann prinzipiell auf empirischer Basis, durch eine messtechnische Erfassung, oder durch ein physikalisches Ersatzmodell geschehen. Aufgrund der vielseitigen Wechselwirkungen und Einflussfaktoren sowie der eingeschränkten Möglichkeiten bei der Parametervariation wird in dieser Arbeit der Weg über die Beschreibung durch ein physikalisches Ersatzmodell gewählt. Diese Vorgehensweise erlaubt es zudem, das Systemverhalten physikalischen Modellgrößen zuzuordnen, wodurch Vorteile bei der Parametrierung des Modells entstehen. Während die Parameter eines empirischen Modells oftmals durch eine Vielzahl von Messungen adaptiert werden müssen, besteht bei physikalischen Parametern die Möglichkeit diese aus gezielten Messungen zu identifizieren.

4.1 Physikalische Modellbildung

Die physikalischen Eigenschaften eines Reifens sind sehr komplex, da dieser aus einer Vielzahl unterschiedlicher Materialien mit teils stark nichtlinearem Verhalten aufgebaut ist. Daher muss bei der Modellierung ein geeigneter Kompromiss zwischen dem Detaillierungsgrad des Modells und dessen Komplexität getroffen werden. Hierbei ist es entscheidend, die relevanten Einflussgrößen, für die zur Untersuchung stehenden Eigenschaften, abzubilden.

Zwar dient das physikalische Modell nur einer theoretischen Untersuchung und soll nicht im Rahmen der Echtzeitsimulation verwendet werden, dennoch fördert eine Beschränkung auf die Modellierung der wesentlichen

Aspekte das Modellverständnis. Falsch modellierte Teilaspekte könnten zudem zu einem unerwünschten Verhalten des Gesamtsystems führen.

Für die Untersuchungen in dieser Arbeit wird das aus der Literatur bekannte Bürstenmodell verwendet.

Im nächsten Abschnitt erfolgt zunächst eine mathematische Beschreibung des Bürstenmodells, die die Basis der Analysen zum Geschwindigkeitseinfluss auf das Reifenverhalten darstellt. Auf die Betrachtung von Gleit- und Haftgebieten sowie dem damit einhergehenden nichtlinearen Verhalten des Modells wird dabei verzichtet. Inwiefern sich diese auf das Reifenverhalten auswirken, wird in Kapitel 5 diskutiert. Des Weiteren beschränken sich die Beschreibungen auf das Umfangskraftverhalten des Reifens. Die dargestellten Beziehungen lassen sich aufgrund des symmetrischen Modellaufbaus jedoch auch auf das Seitenkraftverhalten übertragen. Für eine detailliertere Betrachtung und die Umsetzung in der numerischen Simulation werden die mathematischen Modellgleichungen anschließend diskretisiert.

4.1.1   Mathematische Beschreibung

Um das Systemverhalten zu analysieren, müssen die kinematischen Beschreibungen des Bürstenmodells in mathematische Zusammenhänge überführt werden. Hierzu werden diese als Funktionen der Zeit dargestellt.

Betrachtet man ein einzelnes Borstenelement mit infinitesimaler Ausdehnung beim Eintritt in die Latschfläche zum Zeitpunkt t_0, so hat dieses entsprechend der Modellannahmen eine Auslenkung von $s(t_0) = 0$. Die Auslenkung $s(t)$ des Elementes zum Zeitpunkt $t > t_0$ ergibt sich aus der Wegdifferenz der beiden Enden des Borstenelementes und lässt sich, entsprechend Gleichung 4.1, durch das Integral der Geschwindigkeitsdifferenz Δv zwischen den Borstenenden berechnen. Hierbei gilt die Annahme, dass die Geschwindigkeiten v_{th} und v_F im gesamten Bereich des Latsches identisch wirken.

$$s(t) = \int_{t_0}^{t} v_{th}(\tau)\, d\tau - \int_{t_0}^{t} v_F(\tau)\, d\tau = \int_{t_0}^{t} v_{th}(\tau) - v_F(\tau)\, d\tau$$

$$= \int_{t_0}^{t} \Delta v(\tau)\, d\tau$$

Gl. 4.1

Die Position $l(t)$, die das Element zu einem entsprechenden Zeitpunkt $t > t_0$ in der Latschfläche einnimmt, kann theoretisch sowohl über das obere als auch über das untere Ende des Borstenelementes festgelegt werden. In [28] erfolgt die Zuordnung anhand der theoretischen Geschwindigkeit v_{th}. Begründet wird dies mit der Aussage, dass die Krafteinleitung in den Reifen an dem mit dem Reifen verbundenen Ende des Borstenelementes stattfindet. Welche Folgen die Wahl der Positionszuordnung für das Modellverhalten hat, wird in Kapitel 5.1 erläutert. Für die folgenden Betrachtungen wird für die Positionszuordnung der Borste eine allgemein gültige Transportgeschwindigkeit $v_T \in [v_F, v_{th}]$ eingeführt. Durch die Beschränkung auf den Wertebereich $[v_F, v_{th}]$ definiert v_T die Geschwindigkeit einer Borste an einer beliebigen Position zwischen dem oberen und unteren Ende der Borste. Die Position $l(t)$ des Elementes im Latsch berechnet sich unter dieser Annahme aus der zeitlichen Integration der Geschwindigkeit v_T mit dem Zeitpunkt des Latscheintritts t_0 des Elementes als unterer Integrationsgrenze.

$$l(t) = \int_{t_0}^{t} v_T(\tau)\, d\tau$$

Gl. 4.2

Das Bürstenmodell wird somit, ähnlich einer klassischen Transportgleichung, durch zwei grundlegende Phänomene beschrieben. Zum einen einer zeitlichen Auslenkungsänderung, die durch die Geschwindigkeitsdifferenz $\Delta v = v_{th} - v_F$ zwischen den Borstenenden bestimmt wird, und zum anderen einem Transport der Elemente durch den Reifenlatsch mit der Geschwindigkeit v_T. Dieser Zusammenhang kann durch die inhomogene partielle Differentialgleichung erster Ordnung

$$\frac{\partial s(l,t)}{\partial t} + v_T(t) \cdot \frac{\partial s(l,t)}{\partial l} = \Delta v(t) \qquad\qquad \text{Gl. 4.3}$$

beschrieben werden und ist auch in [33] zu finden. Die Größe Δv ist dabei die Richtungsableitung der Funktion $s(l,t)$ in Richtung der Transportgeschwindigkeit v_T und beschreibt die zeitliche Auslenkungsänderung eines Elementes, während es den Latsch durchläuft. Diese Aussage stimmt mit der eindimensionalen Darstellung über der Zeit aus Gleichung 4.1 überein. Für den stationären Zustand $\partial s(l,t)/\partial t = 0$, für den die Auslenkungsverteilung der Borsten über der Latschlänge keine zeitliche Änderung aufweist, ergibt sich eine lineare Zunahme der Auslenkung über der Latschlänge. Auflösen von Gleichung 4.3 nach $\partial s(l,t)/\partial l$ liefert eine Steigung von $\Delta v(t)/v_T(t)$. Findet kein Transport der Borsten im Latsch statt, ist die Transportgeschwindigkeit $v_T(t) = 0$. Die zeitliche Änderung der Borstenauslenkung an einer festen Position im Latsch $\partial s(l,t)/\partial t$ entspricht für diesen Fall der Differenzgeschwindigkeit $\Delta v(t)$. Die Transport- und Differenzgeschwindigkeit sind ausschließlich Funktionen der Zeit, da die Annahme getroffen wurde, dass sie im gesamten Bereich der Latschfläche identisch wirken.

Betrachtet man das Bürstenmodell als System, so stellen die Geschwindigkeiten v_F und v_{th} die Eingänge des Systems dar. Der Systemzustand wird durch die Auslenkung der einzelnen Borsten beschrieben. Mit seiner Kenntnis kann durch Integration über die Latschlänge und Multiplikation mit der Borstensteifigkeit die durch das Bürstenmodell abgebildete Kraft F, die den Ausgang des Systems darstellt, zu jedem Zeitpunkt berechnet werden. Abbildung 4.1 vergleicht die Beschreibung über das Bürstenmodell mit der herkömmlichen Beschreibung über den Schlupf.

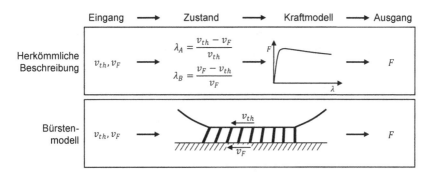

Abbildung 4.1: Vergleich der Kraftberechnung aus den Eingangsgrößen v_{th} und v_F bei der „Herkömmlichen Beschreibung" und dem „Bürstenmodell".

Im Folgenden wird die Lösung der Borstenauslenkung im Latsch und der aus ihr resultierenden Kraft für den einfachen Fall eines konstanten Systemeingangs $\Delta v = v_{th} - v_F$ und einer konstanten Transportgeschwindigkeit v_T bestimmt.

Für konstante Geschwindigkeiten $\Delta v(t)$ und $v_T(t)$ ergibt sich für den stationären Zustand $\partial s(l,t)/\partial t = 0$ ein linearer Zusammenhang zwischen der Auslenkung und der Position eines Elementes, vgl. Gleichung 4.3. Auslenkung und Position lassen sich für diesen Fall entsprechend Gleichung 4.4 bzw. 4.5 berechnen.

$$s(t) = (v_{th} - v_F) \cdot (t - t_0) \qquad \text{Gl. 4.4}$$

$$l(t) = v_T \cdot (t - t_0) \qquad \text{Gl. 4.5}$$

Durch Einsetzen von Gleichung 4.5 in Gleichung 4.4 ergibt sich die Auslenkung eines Elementes in Abhängigkeit von dessen Position im Latsch.

$$s(l) = \frac{v_{th} - v_F}{v_T} \cdot l = \lambda \cdot l \qquad \text{Gl. 4.6}$$

Für den Fall $v_T = v_F$ bzw. $v_T = v_{th}$ steigt die Auslenkung der Elemente über der Latschlänge proportional zum herkömmlichen Schlupf λ an. Abbildung 4.2 stellt diesen Zusammenhang grafisch dar.

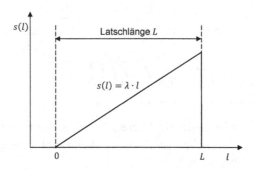

Abbildung 4.2: Auslenkung der Borstenelemente über der Latschlänge L für einen stationären Zustand mit $v_{th} \neq v_F$.

Unter der getroffenen Annahme, dass jede Borste eine Kraft zwischen Reifen und Fahrbahnoberfläche überträgt, die proportional zu ihrer Auslenkung ist, und die Borsten im gesamten Bereich der Latschfläche haften, kann die Kraft F_x, die das Bürstenmodell im stationären Zustand abbildet, durch Integration der Auslenkung $s(l)$ über die Latschlänge L und Multiplikation mit der Latschsteifigkeit c_L[1] berechnet werden.

$$F_x = c_L \cdot \int_0^L s(l)dl = c_L \cdot \int_0^L \lambda \cdot l\, dl = c_L \cdot \frac{1}{2} \cdot \lambda \cdot L^2 \qquad \text{Gl. 4.7}$$

Gleichung 4.7 zeigt, dass die Kraft, die durch das Bürstenmodell dargestellt wird, im stationären Zustand lediglich vom Schlupf λ, der Latschlänge L und der Latschsteifigkeit c_L abhängt. Das Bürstenmodell liefert für stationäre

---

[1] Die Latschsteifigkeit c_L hat die Einheit $\frac{N}{m^2}$ $\left[\frac{Kraft}{Auslenkung \cdot Latschlänge}\right]$. Dies entspricht einer Schersteifigkeit.

Zustände folglich eine der herkömmlichen Schlupfdefinition äquivalente Beschreibung der Kraft. Die Schlupfsteifigkeit folgt für das Bürstenmodell aus den physikalischen Größen Latschlänge L und Latschsteifigkeit c_L.

4.1.2 Diskretisierung des Modells

In der Theorie kann zwar unter Berücksichtigung von Anfangs- und Randwerten in speziellen Fällen eine exakte bzw. analytische Lösung der beschriebenen partiellen Differentialgleichung aus Kapitel 4.1.1 angegeben werden [34], die Lösbarkeit ist jedoch nicht allgemein gegeben [12], [35]. Eine weitere Möglichkeit zum Lösen von Differentialgleichungen stellen die numerischen Methoden dar. Durch Diskretisierung des Wertebereichs der Variablen der Differentialgleichung in eine endliche Anzahl von Stützstellen kann die Lösung des Gesamtproblems auf die Lösung einer endlichen Anzahl von einfachen Teilproblemen reduziert werden. Die in den Stützstellen auftretenden partiellen Ableitungen werden in einem weiteren Schritt durch einen Differenzenquotienten angenähert [34].

Diskretisiert wird sowohl über der Zeit als auch über dem Weg. Bei der örtlichen Diskretisierung wird sich hierbei, wie bei der mathematischen Beschreibung, auf den Bereich der Kontaktfläche zwischen Reifen und Fahrbahn beschränkt. Dies ist möglich, da die Annahme, dass Latschelemente stets mit einer Auslenkung von null in den Latsch eintreten, eine Beeinflussung durch Elemente außerhalb des Latsches ausschließt.

Für die örtliche Diskretisierung wird die Auslenkung der Borsten an Z äquidistanten Stützstellen des Latsches beobachtet. Die Position der Beobachtungsstellen im Latsch ändert sich im Laufe der Simulation nicht, vgl. Abbildung 4.3. Die Borsten des Bürstenmodells laufen an diesen Stützstellen vorbei.

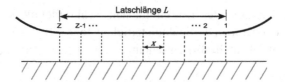

Abbildung 4.3: Diskretisierung der Latschlänge durch Z Stützstellen.

Der Abstand x zwischen den Stützstellen ergibt sich zu:

$$x = \frac{L}{Z - 1} \qquad \text{Gl. 4.8}$$

L ist hierbei die Latschlänge und Z die Anzahl der Stützstellen. Die Berechnung der Zustandsänderung während eines Zeitschrittes Δt an der Stützstelle z lässt sich durch zwei Schritte beschreiben. Zunächst erfolgt eine Auslenkungsänderung Δs_z als Folge der Differenzgeschwindigkeit Δv. Diese Auslenkungsänderung ist für jede Stelle im Latsch identisch.

$$\Delta s_z = \Delta v \cdot \Delta t \qquad \text{Gl. 4.9}$$

In einem zweiten Schritt findet eine Verschiebung der durch die Borsten definierten Auslenkungsverteilung um die Strecke Δl statt. Die Größe der Verschiebung entspricht dem Produkt aus der Transportgeschwindigkeit v_T und der Dauer des diskreten Zeitschritts Δt.

$$\Delta l = v_T \cdot \Delta t \qquad \text{Gl. 4.10}$$

Da nur die Borstenauslenkung an den Stützstellen bekannt ist, werden die Auslenkungswerte der Stützstellen s_z verschoben. Treffen die Auslenkungswerte nach der Verschiebung nicht auf eine der positionsfesten Stützstellen, so muss für die Bestimmung der Auslenkung an den Stützstellen zwischen den verschobenen Werten interpoliert werden. Die neue Auslenkung an der Position z ergibt sich aus den Auslenkungswerten, die sich nach der Verschiebung rechts und links von der entsprechenden Stützstelle befinden. Für die Berechnung wird zwischen diesen beiden Werten linear interpoliert. Mit dem Wert $k = \Delta l/x$ für die auf den Stützstellenabstand normierte Verschiebung folgt:

$$s_z(t + \Delta t) = s_{z-\lfloor k \rfloor}(t) + \frac{s_{z-\lfloor k \rfloor} - s_{z-\lceil k \rceil}}{x} \cdot \left(x - (\Delta l - \lfloor k \rfloor \cdot x)\right) \qquad \text{Gl. 4.11}$$

Elemente, deren neue Position $l(t)$ größer als die Latschlänge L ist, haben die Latschfläche verlassen. Das letzte dieser Elemente dient noch zur Interpolation für die Berechnung der Auslenkung am Latschende. Als Grenzwert für eine feinere Diskretisierung mit $Z \to \infty$ und $\Delta t \to 0$ ergibt sich die kontinuierliche Beschreibung aus Kapitel 4.1.1.

Das in diesem Kapitel beschriebene Bürstenmodell bildet die Grundlage der folgenden Untersuchungen zum Geschwindigkeitseinfluss auf das Reifenverhalten. Hierbei werden die bereits dargestellten Gemeinsamkeiten des Bürstenmodells und der herkömmlichen Schlupfdefinition für den stationären Fall nach Gleichung 4.6 sowie die Unterschiede im dynamischen Verhalten herausgearbeitet. Die kontinuierliche Beschreibung des Bürstenmodells erlaubt eine analytische Betrachtung der Vorgänge im Latsch. Ist diese nicht möglich, wird das Verhalten des Modells durch eine numerische Simulationen auf Basis der diskreten Beschreibung des Bürstenmodells vorgenommen.

4.2 Analyse des Modellverhaltens

Entsprechend der Zielsetzung dieser Arbeit wird im Folgenden anhand des in Kapitel 4.1 beschriebenen Modells der Einfluss der Geschwindigkeit auf das dynamische Systemverhalten untersucht. Unter der Dynamik eines Systems wird im Allgemeinen die zeitliche Änderung der Zustandsgrößen eines Systems verstanden [36], [37]. Im Fall des Bürstenmodells wird der Zustand durch die Auslenkung der einzelnen Borsten definiert. Durch den linearen Zusammenhang zwischen der Borstenauslenkung und der durch sie resultierenden Kraft kann auch die Kraft zur Zustandsbeschreibung herangezogen werden. Die durch das Bürstenmodell bereitgestellte Gesamtkraft ergibt sich schließlich aus der Summe der Teilkräfte der einzelnen Borsten. Sie bildet den Ausgang des Systems, den es zu untersuchen gilt.

Die Anregung des Systems erfolgt durch die Differenzgeschwindigkeit Δv. Die Transportgeschwindigkeit v_T beschreibt die Geschwindigkeit, mit der sich die Borsten durch den Latsch bewegen. Sie wirkt, ebenso wie die Differenzgeschwindigkeit, in jeder Position des Latsches identisch. Auf Basis dieser Untersuchungen wird anschließend ein einfaches mathematisches Reifenmodell abgeleitet, das das dynamische Verhalten hinreichend genau abbildet [37].

Im Folgenden wird betrachtet, wie sich das Eingangs- Ausgangsverhalten des Bürstenmodells in Abhängigkeit von der Geschwindigkeit v_T ändert. Bevor gezielte Eingangsfunktionen untersucht werden, findet eine grundlegende Betrachtung statt. Für das grundlegende Verhalten wird die diskrete Form des Bürstenmodells verwendet.

Die Auslenkungsänderung eines Latschelementes ergibt sich, wie bereits in Kapitel 4.1.1 dargestellt, aus der auf die Borsten wirkenden Differenzgeschwindigkeit, die den Systemeingang darstellt, und dem Transport der Borsten durch den Reifenlatsch, vgl. Abbildung 4.4.

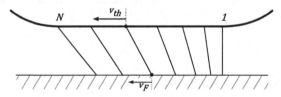

Abbildung 4.4: Bürstenmodell mit N Borsten.

Die Differenzgeschwindigkeit $\Delta v = v_{th} - v_F$ bewirkt über die Auslenkungsänderung dabei eine direkte Änderung der Kraft. Bei N Borsten mit einer jeweiligen Borstensteifigkeit c_B kann, entsprechend der Berechnungsvorschriften aus Kapitel 4.1.2, die zusätzliche Kraft pro Zeitschritt Δt, die durch das Bürstenmodell abgebildet wird, nach Gleichung 4.12 berechnet werden.

$$\Delta F_{zu}(\Delta t) = N \cdot c_B \cdot \Delta s(\Delta t) = N \cdot c_B \cdot \Delta v(t) \cdot \Delta t \qquad \text{Gl. 4.12}$$

Für die Betrachtung des dynamischen Systemverhaltens ist es anschaulicher, die Kraftänderungsrate heranzuziehen. Sie folgt aus Gleichung 4.12 zu:

$$\frac{\Delta F_{zu}}{\Delta t} = N \cdot c_B \cdot \Delta v(t) \qquad \text{Gl. 4.13}$$

Durch den in der Latschfläche auftretenden Transport findet eine örtliche Verschiebung der Borsten und der durch sie bereitgestellten Kraft entsprechend der Transportgeschwindigkeit v_T statt. Die Gesamtkraft des Systems wird hingegen nur durch die Borsten, die die Systemgrenzen Latschanfang und Latschende überschreiten, beeinflusst. Borsten, die den Reifenlatsch am Ende verlassen, tragen entsprechend der Modellannahmen nicht mehr zur Kraftübertragung bei und bewirken somit eine Verringerung der in der Kontaktfläche wirksamen Gesamtkraft. Die Borsten, die den Reifenlatsch am Ende verlassen, werden am Latscheinlauf durch Borsten ohne Auslenkung ersetzt. Diese haben somit keinen Einfluss auf die Kräftebilanz in der Latschfläche.

Die beschriebene Kraftdifferenz ΔF_{ab} ist proportional zur Kraft, die durch die Borsten bereitgestellt wird, und der Anzahl $n(\Delta t)$ an Borsten, die die Latschfläche während eines Zeitschrittes Δt verlassen.

$$\Delta F_{ab}(\Delta t) = c_B \cdot s_L(t) \cdot n(\Delta t) \qquad \text{Gl. 4.14}$$

Hierbei ist c_B die Steifigkeit einer Borste und s_L die Auslenkung, die die Borste beim Verlassen der Latschfläche hat. Unter der Annahme, dass die Geschwindigkeit v_T während des Zeitschritts Δt konstant ist, entspricht die Anzahl der Borsten $n(\Delta t)$, die die Latschfläche verlassen:

$$n(\Delta t) = \frac{N}{L} \cdot v_T(t) \cdot \Delta t \qquad \text{Gl. 4.15}$$

Aus Gleichung 4.14 und 4.15 folgt der resultierende Kraftanteil, der pro Zeitschritt Δt nicht mehr zur Verfügung steht.

$$\frac{\Delta F_{ab}}{\Delta t} = c_B \cdot s_L(t) \cdot \frac{N}{L} \cdot v_T(t) \qquad \text{Gl. 4.16}$$

Die Bilanz aus Kraftzufuhr und Kraftabfuhr ergibt schließlich die gesamte Kraftänderung pro Zeitschritt Δt in der Kontaktfläche.

$$\frac{\Delta F}{\Delta t} = \frac{\Delta F_{zu}}{\Delta t} - \frac{\Delta F_{ab}}{\Delta t} = N \cdot c_B \cdot \Delta v(t) - c_B \cdot s_L(t) \cdot \frac{N}{L} \cdot v_T(t) \qquad \text{Gl. 4.17}$$

Aus dieser einfachen Betrachtung können bereits wesentliche Aspekte bezüglich des Modellverhaltens in Abhängigkeit von der Geschwindigkeit abgeleitet werden. Die Differenzgeschwindigkeit im ersten Term der Gleichung hat eine Kraftänderung in entsprechender Wirkrichtung zur Folge. Der zweite Term, der die Kraftabfuhr beschreibt, ist proportional zur Auslenkung des jeweiligen Elementes am Latschende $s_L(t)$ und zur Transportgeschwindigkeit $v_T(t)$. Mit steigender Geschwindigkeit steigt somit auch der Kraftanteil, der das Modell pro Zeitschritt Δt verlässt.

Durch die Modellierung der einzelnen Borsten als Feder repräsentieren diese nicht nur eine Kraft in der Kontaktfläche zwischen Reifen und Fahrbahnoberfläche, sondern stellen auch einen Energiespeicher dar. Für die in einer Borste gespeicherte Energie E_B gilt mit der durch eine Borste repräsentierten Kraft F_B und der Auslenkung der Borste s:

$$E_B = \frac{1}{2} \cdot F_B \cdot s \qquad \text{Gl. 4.18}$$

Folglich hat eine Borste bei Erreichen des Latschendes L einen Energieinhalt von:

$$E_{B,L} = \frac{1}{2} \cdot F_{B,L} \cdot s_L = \frac{1}{2} \cdot c_B \cdot s_L^2 \qquad \text{Gl. 4.19}$$

Entsprechend der Betrachtungen über die Kraft, vgl. Gleichung 4.16, kann die Energie, die die Systemgrenze während eines Zeitschritts Δt verlässt, berechnet werden. Die in einer Zeitspanne umgesetzte Energie bezeichnet in der Physik eine Leistung. Da sie dem System aufgrund der Modellannahme, dass Borsten stets ohne Auslenkung in die Latschfläche eintreten, nicht wieder zugeführt werden kann, ist sie dissipativ. Es folgt:

$$P = \frac{\Delta E_{ab}}{\Delta t} = \frac{1}{2} \cdot c_B \cdot s_L^2 \cdot \frac{N}{L} \cdot v_T \qquad \text{Gl. 4.20}$$

Für den stationären Zustand, mit einer linearen Auslenkungsverteilung der Borsten, kann die Auslenkung der Borste beim Erreichen des Latschendes entsprechend Gleichung 4.6 über den Schlupf λ berechnet werden. Zusammen mit der Latschsteifigkeit $c_L = c_B \cdot N/L$, vgl. Gleichung 4.7, folgt für die Leistung P:

$$P = \frac{1}{2} \cdot c_L \cdot \lambda \cdot L^2 \cdot v_T \cdot \lambda \qquad \text{Gl. 4.21}$$

Diese Gleichung kann unter Berücksichtigung der in der Latschfläche wirkenden Kraft F_x nach Gleichung 4.7 auf die klassische Form der Schlupf-verlustleistung P_S nach [7] umgeformt werden.

$$P = P_S = F_x \cdot v_T \cdot \lambda \qquad \text{Gl. 4.22}$$

Der dissipative Energieanteil E_{ab} - kurz Dissipation - hat dabei einen dämpfenden Charakter für das betrachtete System, da hierdurch Energie, die vorher in Form von potentieller Energie in den Borsten gespeichert war, den Reifenlatsch, und somit die Systemgrenze, verlässt. Bei einer Transport-geschwindigkeit der Borsten von $v_T = 0$ verschwindet der dissipative Anteil aus Gleichung 4.17. Die Kraftänderung $\Delta F/\Delta t$ ist für diesen Zustand direkt proportional zur Differenzgeschwindigkeit Δv. Das Systemverhalten ent-spricht damit dem einer Feder. Sämtliche zugeführte Energie bleibt im System erhalten.

Die zweite, den dissipativen Anteil beschreibende Größe, ist die Element-auslenkung am Latschende s_L. Sie ergibt sich aus der Historie der Differenzgeschwindigkeit, die auf das entsprechende Element während seines Latschdurchlaufes gewirkt hat und kann nur mit dieser Kenntnis berechnet werden. Die zu einer Auslenkung führende Differenzgeschwindigkeit ist dabei an jeder Stelle des Reifenlatsches identisch. Daher ist für die Berechnung der Auslenkung eines Elementes lediglich der Verlauf der Differenzgeschwindigkeit und die Zeitspanne relevant, während derer diese auf das Element wirkt, vgl. Gleichung 4.4.

Die dargestellte Kräftebilanz an den Systemgrenzen zeigt qualitativ das Verhalten des Bürstenmodells in Abhängigkeit von der Geschwindigkeit. Um eine quantitative Aussage treffen zu können, muss die zeitliche Änderung der Borstenauslenkung als Folge einer externen Anregung für den gesamten Bereich des Latsches bestimmt werden. Das Ergebnis ist eine analytische Beschreibung der Auslenkungsverteilung im Latsch sowie der aus ihr resultierenden Kraft im Zeitbereich.

Für die folgenden Betrachtungen wird die Annahme getroffen, dass sich die Transportgeschwindigkeit v_T während des Durchlaufs eines Borsten-elementes durch den Latsch nicht ändert. Die Verweildauer t_l des Elementes, das sich an der Position l des Latsches befindet, kann somit nach folgender Gleichung berechnet werden.

$$t_l = \frac{l}{v_T} \qquad \text{Gl. 4.23}$$

Entsprechend hat die Differenzgeschwindigkeit während des Zeitintervalls $[t - t_l, t]$ zu seiner Auslenkung $s(l, t)$ nach Gleichung 4.24 geführt.

$$s(l, t) = \int_{t-t_l}^{t} \Delta v(t) dt \qquad \text{Gl. 4.24}$$

Für die Berechnung der Auslenkungsverteilung der gesamten Latschlänge muss demzufolge die Anregung für das Zeitintervall $[t - t_L, t]$ bekannt sein.

Hierbei ist t_L die Durchlaufzeit eines Elementes durch den gesamten Reifenlatsch. Abbildung 4.5 veranschaulicht die Berechnungsvorschrift.

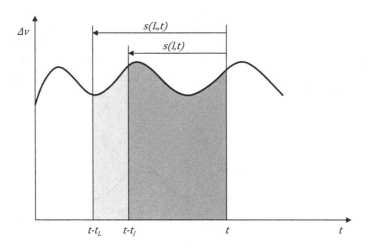

Abbildung 4.5: Berechnung der Auslenkung an der Stelle l über das Integral der Anregungsfunktion für das Zeitintervall $[t - t_l, t]$.

Da es sich bei der Integration um einen linearen Operator handelt, kann die Anregungsfunktion $\Delta v(t)$ hierbei auch als Summe einzelner Teilanregungen betrachtet werden. Dies führt zur allgemeineren Berechnungsvorschrift nach Gleichung 4.25.

$$s(l,t) = \sum_{i=1}^{I} \int_{t-t_l}^{t} \Delta v_i(t) dt \qquad \text{Gl. 4.25}$$

Ist das Verhalten des Systems durch Anregung einiger Basisfunktionen bekannt, kann somit direkt auf das Verhalten infolge komplexerer Anregungsformen geschlossen werden.

Um das Verhalten im Zeitbereich zu beschreiben, muss neben dem Systemeingang auch der Zustand des Systems zu Beginn der Betrachtung in Form einer Anfangsauslenkung der Borsten definiert werden.

Solange sich Elemente dieser Anfangsauslenkung in der Latschfläche befinden, haben sie einen Einfluss auf die Auslenkung der Borsten und somit den Zustand des Systems. Erst nachdem alle Elemente der Startauslenkung die Latschfläche verlassen haben, lässt sich die Auslenkung der Borsten ausschließlich anhand des bekannten Systemeingangs beschreiben. Abbildung 4.6 stellt diesen Sachverhalt grafisch am Beispiel eines Anbremsvorgangs mit einer anschließenden Variation der Differenzgeschwindigkeit dar.

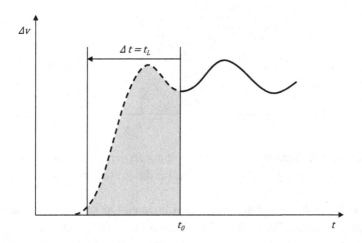

Abbildung 4.6: Bereich der Anregungsfunktion, der zur Borstenauslenkung zum Startzeitpunkt t_0 der Betrachtung geführt hat.

Die gestrichelte Linie stellt den Systemeingang dar, der zu einer entsprechenden Anfangsauslenkung $s(l, t_0)$ geführt hat. Wird die Auslenkungsverteilung zu einem Zeitpunkt $t > t_0$ betrachtet, wurden die Elemente des Latsches um eine Strecke $\Delta l(t) = v_T \cdot (t - t_0)$ weitertransportiert. Für Elemente, die während dieser Zeit neu in den Latsch eingetreten sind, kann die Auslenkung nach Gleichung 4.24 berechnet werden. Für diejenigen Elemente, die sich bereits zum Zeitpunkt t_0 in der Latschfläche befunden haben, muss bei der Berechnung der aktuellen Auslenkung zusätzlich die Auslenkung zum Startzeitpunkt $s_0(l, t_0)$ berücksichtigt werden. Für die Stelle l des Latsches ist hierbei, aufgrund der bis zum Zeitpunkt t

stattgefundenen Verschiebung, die Auslenkung an der Stelle $l - v_T \cdot (t - t_0)$ der Startauslenkung zur neu angefallenen Auslenkung zu addieren.

$$s(l, t) = s_0(l - v_T \cdot (t - t_0), t_0) + \int_{t-t_l}^{t} \Delta v(t) \, dt \qquad \text{Gl. 4.26}$$

Abbildung 4.7 verdeutlicht die Auswirkung einer reinen Verschiebung der Anfangsauslenkung $s(l, t_0)$. Auf die Darstellung der für $t > t_0$ neu hinzukommenden Auslenkungsänderung durch die Anregungsfunktion wird hier verzichtet.

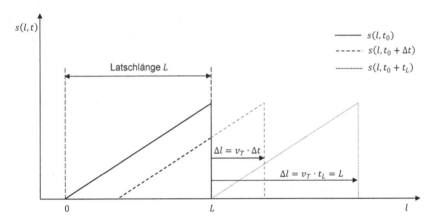

Abbildung 4.7: Verschiebung der Anfangsauslenkung mit der Transportgeschwindigkeit v_T in Richtung Latschauslauf.

Die Anfangsauslenkung $s(l, t_0)$ wird mit der Transportgeschwindigkeit v_T in Richtung des Latschauslaufs an der Position L verschoben. Teile der Auslenkung, die sich an einer Position $l > L$ befinden, haben den Reifenlatsch verlassen und tragen nicht mehr zur Kraftübertragung bei. Zum Zeitpunkt $t_0 + t_L = t_0 + L/v_T$ haben alle Elemente der Startauslenkung die Latschfläche verlassen und die Beschreibung der Elementauslenkungen kann ausschließlich auf Basis der bekannten Anregungsfunktion erfolgen.

Durch Integration der Auslenkung über der Latschlänge und Multiplikation mit der Latschsteifigkeit ergibt sich schließlich der Ausgang des betrachteten Modells in Form der im Reifenlatsch wirkenden Kraft.

$$F(t) = c_L \cdot \int_0^L s(l,t)\,dl$$

Gl. 4.27

Auf Basis der dargestellten Gleichungen wird im folgenden Abschnitt das dynamische Verhalten des Bürstenmodells bei Anregung durch eine Differenzgeschwindigkeit untersucht. Als Eingangsfunktionen werden eine Sprungfunktion und eine Sinusanregung mit Kreisfrequenz ω verwendet. Durch die Linearität des Modells lässt sich aus dem Ergebnis auch das Systemverhalten für beliebige Kombinationen der Eingangsfunktionen ableiten.

Es wird sowohl die zeitliche Änderung des Systemzustandes in Form der Auslenkungsverteilung $s(l,t)$, als auch der Systemausgang, in Form der durch das Modell dargestellten Kraft, betrachtet. Der Zeitpunkt t_0, zu dem die Anregung des Systems beginnt, wird zu null gesetzt. Die hieraus resultierende Übereinstimmung der Zeitbasen des Systems und der Anregungsfunktion resultiert in einer wesentlichen Verbesserung der Anschaulichkeit der sich ergebenden Funktionen.

4.2.1   Verhalten bei Sprunganregung

Als Anregung wird die Sprungfunktion $g(t)$ mit einer sprungförmigen Änderung der Differenzgeschwindigkeit $\Delta v = v_{th} - v_F$ der Höhe Δv_0 zum Zeitpunkt $t = 0$ nach Gleichung 4.28 betrachtet.

$$g(t) = \begin{cases} \Delta v_0 & ,t \geq 0 \\ 0 & ,t < 0 \end{cases}$$

Gl. 4.28

Entsprechend der Ausführungen zur Startauslenkung aus dem vorherigen Kapitel, müssen Elemente, die sich bereits zum Zeitpunkt $t = 0$ in der Latschfläche befunden haben, gesondert betrachtet werden. Hiervon betroffen sind alle Elemente, für deren Position l zum Zeitpunkt t $l(t) > v_T \cdot t$ gilt. Ihre durch die Sprungfunktion verursachte Auslenkung zum Zeitpunkt t berechnet sich nach Gleichung 4.29.

$$s_{l>v_T \cdot t}(l,t) = \int_{t-t_l}^{0} \Delta v_0(t)\, dt + \int_{0}^{t} \Delta v_0(t)\, dt$$

$$= 0 + \Delta v_0 \cdot t$$

Gl. 4.29

Da die Anregungsfunktion für $t < 0$ gleich null ist, haben die Borsten im gesamten Bereich des Latsches zum Zeitpunkt $t = 0$ keine Auslenkung. Der erste Term von Gleichung 4.29, der die Startauslenkung berücksichtigt, ist somit ebenfalls null. Der zweite Term, der die Auslenkungsänderung durch die Sprungfunktion widerspiegelt, zeigt, dass die Elemente in diesem Bereich, unabhängig von ihrer Position, zu jedem Zeitpunkt die gleiche Auslenkung aufweisen.

Für Elemente im Bereich des Latscheinlaufes mit einer Position $l < v_T \cdot t$, die erst nach dem Beginn der Betrachtung zum Zeitpunkt $t = 0$ in die Latschfläche eingetreten sind, gilt hingegen:

$$s_{l<v_T \cdot t}(l,t) = \int_{t-t_l}^{t} \Delta v_0(t)\, dt$$

$$= \Delta v_0 \cdot \frac{l}{v_T}$$

Gl. 4.30

Die sprungförmige Anregungsfunktion führt zu einer über der Latschlänge linear zunehmenden Auslenkung der Elemente in diesem Bereich. Abbildung 4.8 zeigt die Auslenkung der Borstenelemente im gesamten Latsch $l \in [0, L]$ zu vier festen Zeitpunkt $0 < t_1 < t_2 < t_L$ entsprechend der Gleichungen 4.29 und 4.30. Zum Zeitpunkt $t = 0$ ist die Auslenkung aller Elemente null, da noch keine Anregung stattgefunden hat. Der Knickpunkt der Auslenkungen zu den Zeitpunkten t_1 und t_2 kennzeichnet die Position desjenigen Elementes, das sich zum Zeitpunkt $t = 0$ am Latschanfang befunden hat. Es hat zu den dargestellten Zeitpunkten bereits die Strecke $l_{1,2} = v_T \cdot t_{1,2}$ zurückgelegt. Alle Elemente links von diesem Element sind folglich neu in den Latsch eingetreten und weisen die linear zunehmende Auslenkung nach Gleichung 4.30 auf. Alle Elemente rechts waren zum Zeitpunkt $t = 0$ bereits im Latsch vorhanden und haben seitdem dieselbe Auslenkungsänderung entsprechend Gleichung 4.29 erfahren. Zum Zeitpunkt $t = t_L$ haben alle Elemente der Startauslenkung den Latsch verlassen und es stellt sich die stationäre, linear zunehmende Auslenkungsverteilung ein.

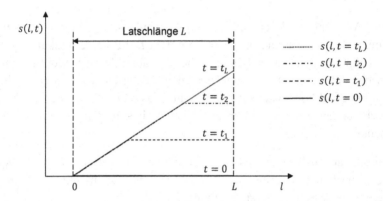

Abbildung 4.8: Auslenkungsverteilung im Latsch infolge einer Sprunganregung zu vier Zeitpunkten $t = [0, t_1, t_2, t_L]$.

Durch abschnittsweise Integration über die gesamte Latschlänge und Multiplikation mit der Latschsteifigkeit c_L lässt sich die zeitliche Änderung der Kraft berechnen, die durch das Bürstenmodell abgebildet wird.

$$F(t) = c_L \cdot \left(\int_0^{v_T \cdot t} s_{l<v_T \cdot t}(l,t)dl + \int_{v_T \cdot t}^L s_{l>v_T \cdot t}(l,t)dl \right)$$

Gl. 4.31

, für $t < t_L$

Integration führt zu:

$$F(t) = c_L \cdot \left(\Delta v_0 \cdot L \cdot t - \frac{\Delta v_0}{2} \cdot v_T \cdot t^2 \right), \text{für } t < t_L \qquad \text{Gl. 4.32}$$

Für den Zeitbereich $t > t_L$ ergibt sich unter Verwendung von Gleichung 4.30 eine von der Zeit unabhängige Auslenkungsverteilung, die dem stationären Endzustand des Einlaufvorgangs entspricht.

$$s(l,t) = \int_{t-t_l}^{t} \Delta v_0 \, dt = \Delta v_0 \cdot t_l = \Delta v_0 \cdot \frac{l}{v_T}, \text{für } t > t_L \qquad \text{Gl. 4.33}$$

Es stellt sich die bereits in der mathematischen Beschreibung des Bürstenmodells hergeleitete lineare Auslenkungsverteilung über der Latsch-länge ein, vgl. Kapitel 4.1.1. Entsprechend nimmt auch die Kraft ab diesem Zeitpunkt einen konstanten Wert an.

$$F(t) = c_L \cdot \int_{0}^{L} s(l,t) dl = c_L \cdot \frac{L^2}{2 \cdot v_T} \cdot \Delta v_0, \text{für } t > t_L \qquad \text{Gl. 4.34}$$

Der Einfluss der Transportgeschwindigkeit v_T auf den Endwert der Kraft, bei sprungförmiger Anregung des Systems durch eine Differenzgeschwindigkeit Δv_0, führt auf die aus Kapitel 4.1.1 bekannte Abhängigkeit, die der klassischen Schlupfdefinition äquivalent ist.

$$F(t) = c_L \cdot \frac{1}{2} \cdot \frac{\Delta v_0}{v_T} \cdot L^2, \text{für } t > t_L \qquad \text{Gl. 4.35}$$

Abbildung 4.9 zeigt den zeitlichen Kraftaufbau des Bürstenmodells infolge einer sprungförmigen Änderung der Differenzgeschwindigkeit nach Gleichung 4.32 für $0 < t < t_L$ und Gleichung 4.35 für $t > t_L$.

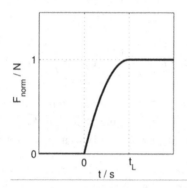

Abbildung 4.9: Zeitlicher Verlauf des auf 1 normierten Kraftaufbaus $F(t)$ des Bürstenmodells bei sprungförmiger Anregung durch eine Differenzgeschwindigkeit Δv_0.

Die Zeit bis zum Erreichen des konstanten Endwertes entspricht der Durchlaufzeit eines Elementes durch den Latsch t_L. Der Kraftaufbau ist somit nicht von der Zeit, sondern vielmehr vom zurückgelegten Weg abhängig.

Um die Steifigkeit des Systems zu definieren, die bei der herkömmlichen Schlupfdefinition aus Kapitel 2.2 mit sinkender Geschwindigkeit stetig zunimmt, wird die Kraftänderung zum Zeitpunkt $t = 0$ betrachtet. Diese punktuelle Betrachtung ist ausreichend, da die Kraftänderung im folgenden Verlauf stetig abnimmt. Die Kraftänderung ergibt sich aus der zeitlichen Ableitung von Gleichung 4.32 zu:

$$\dot{F}(0) = c_L \cdot \Delta v_0 \cdot L \qquad\qquad \text{Gl. 4.36}$$

Die Steifigkeit ist für das Bürstenmodell folglich unabhängig von der Transportgeschwindigkeit v_T, sondern wird ausschließlich durch die Steifigkeit des Latsches bestimmt. Diese Eigenschaft des Bürstenmodells entspricht dem physikalischen Verhalten eines elastischen Körpers und stellt einen wesentlichen Unterschied zur gegen Unendlich strebenden Systemsteifigkeit der herkömmlichen Schlupfdefinition dar.

Die Auswirkung einer Anfangsauslenkung der Borsten $s_0(l,0)$ auf den Kraftverlauf im Zeitbereich $0 \leq t < t_L$ wird beispielhaft an einer linearen Auslenkungsverteilung, wie sie sich für $t > t_L$ bei einer konstanten Differenzgeschwindigkeit Δv_0 einstellt, hergeleitet. Dieser Fall entspricht einem stationären Schlupfzustand, wie er sich als Folge eines konstanten Bremsmomentes ausbildet. Die Auslenkungsverteilung zum Zeitpunkt $t = 0$ lautet für diesen Fall:

$$s_0(l,0) = \frac{\Delta v_0}{v_T} \cdot l \qquad \text{Gl. 4.37}$$

Unter der Bedingung, dass für $t > 0$ keine weitere externe Anregung auftritt, ergibt sich die Kraft zum Zeitpunkt t aus dem Integral der um $\Delta l = v_T \cdot t$ verschobenen Auslenkung über den Bereich der Latschlänge, vgl. auch Abbildung 4.7:

$$F(t) = c_L \cdot \int_0^L s_0(l - v_T \cdot t, 0) \, dl = c_L \cdot \int_0^{L - v_T \cdot t} s_0(l,0) \, dl$$

$$= c_L \cdot \int_0^{L - v_T \cdot t} \Delta v_0 \cdot \frac{l}{v_T} \, dl \qquad \text{Gl. 4.38}$$

$$= c_L \cdot \frac{1}{2} \cdot \frac{\Delta v_0}{v_T} \cdot L^2 - c_L \cdot \left(\Delta v_0 \cdot L \cdot t - \frac{\Delta v_0}{2} \cdot v_T \cdot t^2 \right)$$

Die resultierende Kraftabnahme entspricht dem Verlauf des Kraftaufbaus mit einer Umkehr des Vorzeichens. Es kann somit gesagt werden, dass sich das System hinsichtlich seines Kraftauf- bzw. abbaus identisch verhält.

In den folgenden zwei Abbildungen ist der Kraftverlauf infolge einer Sprunganregung zum Zeitpunkt $t = 0$ ohne Anfangsauslenkung (links) und bei linearer Anfangsauslenkung ohne Anregung für $t \geq 0$ (rechts) dargestellt.

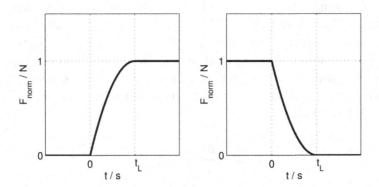

Abbildung 4.10: links: Kraftänderung bei Sprunganregung ohne
Anfangsauslenkung.

rechts: Kraftänderung bei linearer Anfangsauslenkung
ohne weitere Anregung.

Wird aus einem stationären Schlupfzustand heraus die Differenzgeschwindigkeit nicht auf null reduziert, sondern stattdessen von Δv_0 auf $\Delta v_0'$ erhöht, ergibt sich ein Kraftverlauf nach Gleichung 4.39.

$$F(t) = c_L \cdot \left(\frac{1}{2} \cdot \frac{\Delta v_0}{v_T} \cdot L^2 + (\Delta v_0' - \Delta v_0) \cdot L \cdot t \right.$$

$$\left. - (\Delta v_0' - \Delta v_0) \cdot \frac{v_T}{2} \cdot t^2 \right)$$

Gl. 4.39

Gleichung 4.39 folgt aus der Kombination von Gleichung 4.32, die durch Einsetzen von $\Delta v_0'$ den Kraftaufbau durch die neue Differenzgeschwindigkeit beschreibt, und Gleichung 4.38, die das „Herausschieben" der Auslenkungsverteilung des vorherigen, stationären Zustandes aus der Latschfläche widerspiegelt. In Gleichung 4.39 zeigt sich der bereits beschriebene lineare Charakter des Bürstenmodells. Der zeitliche Verlauf der Kraft $F(t)$ aus Gleichung 4.39 entspricht seiner Art nach dem einer Sprunganregung ohne Anfangsauslenkung der Borsten nach Gleichung 4.32. Der Kraftverlauf wird in beiden Fällen durch die Geschwindigkeitsdifferenz der Anregungsfunktion bestimmt. Es kann somit festgehalten werden, dass die Form des Kraftaufbaus unabhängig vom Anfangszustand des Modells ist.

4.2.2 Verhalten bei Sinusanregung

Durch eine Sinusanregung kann unter Variation der Anregungsfrequenz das Systemverhalten im Frequenzbereich abgeleitet werden. Insbesondere im Bereich schwingungsfähiger Systeme ist dieses Verhalten von besonderem Interesse, da hierdurch das zeitliche Verhalten bei freier Schwingung des Systems infolge einer Impulsanregung beschrieben werden kann [38].

Für eine Sinusanregung der Form

$$g(t) = \begin{cases} \Delta \hat{v} \cdot sin(\omega \cdot t), t \geq 0 \\ 0 \qquad\quad ,t < 0 \end{cases} \qquad \text{Gl. 4.40}$$

mit der Amplitude $\Delta \hat{v}$ und der Kreisfrequenz ω ergibt sich, den Berechnungen für die Sprunganregung entsprechend, eine abschnittsweise definierte Auslenkungsverteilung für das Einlaufverhalten im Zeitbereich $t < t_L$:

$$s_{l<v_T \cdot t}(l, t) = \frac{\Delta \hat{v}}{\omega} \cdot \left(cos\left(\omega \cdot t - \frac{\omega \cdot l}{v_T} \right) - cos(\omega \cdot t) \right) \qquad \text{Gl. 4.41}$$

$$s_{l>v_T \cdot t}(l, t) = \frac{\Delta \hat{v}}{\omega} \cdot \left(1 - cos(\omega \cdot t) \right) \qquad \text{Gl. 4.42}$$

Abschnittsweise Integration über der Latschlänge und Multiplikation mit der Latschsteifigkeit führt zur Kraft $F(t)$:

$$F(t) = c_L \cdot \frac{\Delta \hat{v}}{\omega} \cdot \left(\frac{v_T}{\omega} \cdot sin(\omega \cdot t) - L \cdot cos(\omega \cdot t) - v_T \cdot t + L \right) \qquad \text{Gl. 4.43}$$

Für den Fall $v_T = 0$, bei dem kein Transport der Borsten durch den Latsch stattfindet, vereinfacht sich Gleichung 4.43 zu:

$$F(t) = c_L \cdot \frac{\Delta \hat{v}}{\omega} \cdot L \cdot \left(1 - sin\left(\omega \cdot t - \frac{\pi}{2}\right)\right)$$ Gl. 4.44

Das Bürstenmodell liefert eine sinusförmige Kraft, die der Anregung um 90° hinterher eilt und eine Amplitude von $A = c_L \cdot \Delta \hat{v}/\omega \cdot L$ aufweist. Dies entspricht, wie bei den Betrachtungen der Sprunganregung, dem Verhalten einer Feder mit der Steifigkeit $c_L \cdot L$.

Für $v_T \neq 0$ können der Sinus- und der Kosinusanteil aus Gleichung 4.43 durch die Superpositionsfähigkeit von Schwingungen auf eine reine Sinusschwingung reduziert werden. Hierdurch lassen sich die Amplitude und die Phasenverschiebung gegenüber dem Eingangssignal ablesen.

Umformen von Gleichung 4.43 führt zu:

$$F(t) = c_L \cdot \frac{\Delta \hat{v} \cdot L}{\omega \cdot sin\left(tan^{-1}\left(\frac{\omega \cdot L}{v_T}\right)\right)} \cdot sin\left(\omega \cdot t - tan^{-1}\left(\frac{\omega \cdot L}{v_T}\right)\right)$$

$$+ c_L \cdot \frac{\Delta \hat{v}}{\omega} \cdot (-v_T \cdot t + L) \quad , \text{für } t < t_L$$

Gl. 4.45

Der Einschwingvorgang des Systems besteht aus einer harmonischen Schwingung mit einer der Anregung entsprechenden Frequenz ω und einem sich linear mit der Zeit änderndem Anteil, der für $t \rightarrow t_L = L/v_T$ verschwindet.

Für den Zeitbereich $t > t_L$ geht das System in seinen eingeschwungenen Zustand über. Dies entspricht dem Erreichen des Stationärwertes bei der Betrachtung der Sprunganregung. Die abschnittsweise Betrachtung ist nicht mehr nötig und die sinusförmige Anregung führt zu einer Auslenkungsverteilung der Borsten nach Gleichung 4.46.

$$s(l,t) = \frac{\Delta \hat{v}}{\omega} \cdot \left(cos\left(\omega \cdot t - \frac{\omega \cdot l}{v_T} \right) - cos(\omega \cdot t) \right), \text{für } t > t_L \qquad \text{Gl. 4.46}$$

Der Fall $v_T = 0$ kann von der Betrachtung ausgeschlossen werden, da der eingeschwungene Zustand für diesen Fall niemals erreicht wird. Gleichung 4.23 verdeutlicht, dass t_L für $v_T \to 0$ gegen ∞ strebt.

Durch die Beschreibung nach Gleichung 4.46 ist der Zustand des Bürstenmodells in Form der Auslenkungsverteilung der einzelnen Borsten für jeden Zeitpunkt vollständig definiert. Integration der Auslenkungsverteilung über der Latschlänge L liefert den Kraftausgang des Modells in Abhängigkeit von der Zeit t. Durch die Linearität des Modells hat er einen, der Anregung entsprechenden, sinusförmigen Verlauf der Form

$$F(t) = A \cdot sin(\omega \cdot t + \phi) \quad \text{, für } t > t_L \qquad \text{Gl. 4.47}$$

mit einer Amplitude A und einer Phasenverschiebung ϕ gemäß Gleichung 4.48 und 4.49.

$$A = c_L \cdot \frac{\Delta \hat{v}}{\omega} \cdot \frac{v_T}{\omega} \cdot \left(1 - cos\left(\frac{\omega \cdot L}{v_T} \right) \right)$$

$$\cdot \sqrt{\frac{\left(sin\left(\frac{\omega \cdot L}{v_T} \right) - \frac{\omega \cdot L}{v_T} \right)^2}{\left(1 - cos\left(\frac{\omega \cdot L}{v_T} \right) \right)^2} + 1} \qquad \text{Gl. 4.48}$$

$$\phi = tan^{-1}\left(\frac{sin\left(\frac{\omega \cdot L}{v_T} \right) - \frac{\omega \cdot L}{v_T}}{1 - cos\left(\frac{\omega \cdot L}{v_T} \right)} \right) \qquad \text{Gl. 4.49}$$

Der Kraftverlauf des Bürstenmodells bei sinusförmiger Anregung während des Einlaufvorgangs im Zeitbereich $t \in [0, t_L]$ und dem anschließenden, eingeschwungenen Zustand ist beispielhaft in Abbildung 4.11 dargestellt.

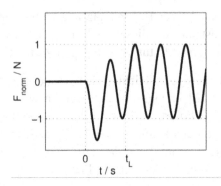

Abbildung 4.11: Zeitlicher Verlauf des auf eins normierten Kraftaufbaus $F(t)$ des Bürstenmodells bei sinusförmiger Anregung durch eine Differenzgeschwindigkeit.

Nach dem Anregungsbeginn bei $t = 0$ folgt zunächst das Einlaufverhalten, bis sich zum Zeitpunkt $t = t_L$ die stationäre Sinusschwingung nach Gleichung 4.47 einstellt. Das Bürstenmodell reagiert folglich auf eine Sinusanregung mit einer Sinusschwingung am Ausgang, die nach einer Einschwingdauer der Länge $t_L = L/v_T$ eine konstante Amplitude A und eine Phasenverschiebung ϕ gegenüber dem Eingangssignal aufweist.

Zur Beschreibung des Systemverhaltens, wie es im Bereich der Systemtheorie üblich ist, wird im Folgenden das Amplitudenverhältnis und die Phasenverschiebung zwischen Eingangs- und Ausgangssignal in Abhängigkeit von der Anregungsfrequenz ω für unterschiedliche Transportgeschwindigkeiten v_T untersucht.

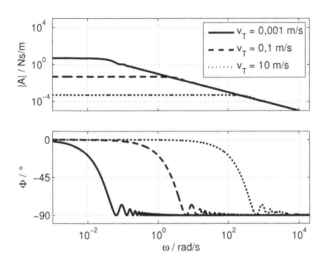

Abbildung 4.12: Amplitudenverstärkung A und Phasenverschiebung Φ des Bürstenmodells für verschiedene Geschwindigkeiten v_T.[2]

Abbildung 4.12 zeigt, dass sich das Systemverhalten in drei charakteristische Bereiche einteilen lässt. Für hohe Frequenzen kann das Systemverhalten durch einen Integrator mit einer proportional zu ω abnehmenden Amplitude und einer Phasenverschiebung von 90° angenähert werden. Im Bereich kleiner Frequenzen verhält sich das Bürstenmodell hingegen wie ein Proportionalglied, dessen konstante Amplitudenverstärkung sich umgekehrt proportional zur Transportgeschwindigkeit verhält. Die Phasenverschiebung in diesem Bereich strebt gegen null. Der dritte Bereich ist ein Übergangsbereich zwischen den beiden zuvor genannten Bereichen, in dem die Phasenverschiebung zwischen Systemeingang und -ausgang auf null abfällt. Zudem tritt hier eine sich mit der Frequenz „sinusförmig" ändernde Amplitudenverstärkung und Phasenverschiebung auf. Mit sinkender

---

[2] Die verwendeten Parameter lauten: $L = 0,1\ m$, $c_L = 1\ N/m^2$

Transportgeschwindigkeit verschiebt sich der Übergangsbereich zu kleineren Frequenzen.

Die Amplitudenverstärkung und Phasenverschiebung für den eingeschwungenen Zustand liefern qualitativ das gleiche Ergebnis wie die Untersuchungen zum Verhalten des Bürstenmodells im Laplacebereich von Zegelaar [20]. In seiner Arbeit untersucht er das dynamische Reifenverhalten infolge von kurzwelligen Anregungen im Wegfrequenzbereich, den er über die Größe $\omega_s = \omega/v$ definiert.

Da bei den Betrachtungen in dieser Arbeit der Fokus auf dem Geschwindigkeitseinfluss auf das Systemverhalten liegt, werden in der folgenden Abbildung die Amplitudenverstärkung und die Phasenverschiebung über der Transportgeschwindigkeit aufgetragen. Dargestellt sind Kurven für drei unterschiedliche Anregungsfrequenzen, die im Bereich der ersten rotatorischen Eigenfrequenz des Rades und darunter liegen, vgl. [39], [40].

Ähnlich wie bei der Betrachtung über der Anregungsfrequenz ergibt sich auch für hohe Geschwindigkeiten ein integrierendes Systemverhalten. Die Verstärkung sinkt mit zunehmender Geschwindigkeit und die Phasenverschiebung ist annähernd null. In diesem Bereich kann das Bürstenmodell in guter Näherung durch die herkömmliche Schlupfdefinition abgebildet werden, die genau dieses Verhalten beschreibt, vgl. Abbildung 4.14.

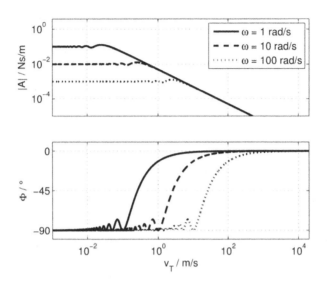

Abbildung 4.13: Amplitudenverstärkung und Phasenverschiebung des Bürstenmodells in Abhängigkeit von der Transportgeschwindigkeit v_T für drei Anregungsfrequenzen ω.[3]

Gleichung 4.50 beschreibt das Verhalten der herkömmlichen Schlupfdefinition in Abhängigkeit von v_T bei einer Anregung über die Differenzgeschwindigkeit Δv.

$$F_U = c_\lambda \cdot \frac{\Delta v}{v_T} \rightarrow \frac{F_U}{\Delta v} = \frac{c_\lambda}{v_T}$$

Gl. 4.50

---

[3] Die verwendeten Parameter lauten: $L = 0{,}1\ m$, $c_L = 1\ N/m^2$

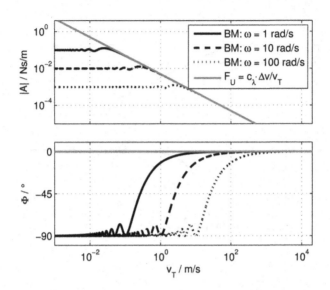

Abbildung 4.14: Darstellung des Umfangskraftverhaltens über der Geschwindigkeit nach der herkömmlichen, frequenzunabhängigen Schlupfdefinition.

Fällt die Geschwindigkeit bei gegebener Anregungsfrequenz unter einen kritischen Wert $v_{T,krit}$, so weicht das Verhalten des Bürstenmodells stark von der herkömmlichen Schlupfdefinition ab, die eine weiter zunehmende Amplitudenverstärkung aufweist. Die Amplitudenverstärkung des Bürstenmodells strebt gegen einen über der Transportgeschwindigkeit konstanten Wert. Dieser kann aus Gleichung 4.48 berechnet werden.

$$\lim_{v_T \to 0} A = \frac{c_L \cdot L}{\omega}$$

Gl. 4.51

Für $v_T \to \infty$ ergibt sich ein Grenzwert des Bürstenmodells von:

$$\lim_{v_T \to \infty} A = \frac{c_L \cdot L^2}{2 \cdot v_T}$$

Gl. 4.52

Dieser kann über den Zusammenhang zwischen dem Bürstenmodell und der herkömmlichen Schlupfdefinition nach Gleichung 4.7 auch in die Beschreibung nach Gleichung 4.50 überführt werden.

Aus Gleichung 4.51 und Gleichung 4.52 kann über den Schnittpunkt der beiden Funktionen ein Wert für die kritische Geschwindigkeit $v_{T,krit}$ berechnet werden. Die Geschwindigkeit $v_{T,krit}$ markiert den Geschwindigkeitsbereich, in dem sich das Systemverhalten des Bürstenmodells von einem proportionalen zu einem integrierenden Verhalten ändert.

$$v_{T,krit} = \frac{\omega \cdot L}{2} \qquad \text{Gl. 4.53}$$

Für die Darstellung über der Anregungsfrequenz ω nach Abbildung 4.12 kann durch Umformen von Gleichung 4.53 die in der Systemtheorie als Eckfrequenz ω_K bezeichnete Frequenz, bei der sich das Systemverhalten bei konstanter Transportgeschwindigkeit v_T maßgeblich ändert, bestimmt werden.

$$\omega_K = \frac{2 \cdot v_T}{L} \qquad \text{Gl. 4.54}$$

Um das Verhalten des Bürstenmodells, insbesondere im Übergangsbereich bei $v_{T,krit}$ und bei kleinen Geschwindigkeiten, besser zu verstehen, werden im Folgenden Betrachtungen der Auslenkungsverteilung der Borsten anhand der zuvor hergeleiteten analytischen Funktionen vorgenommen.

Die Auslenkungsverteilung für den eingeschwungenen Zustand $t > t_L$ nach Gleichung 4.46 kann durch trigonometrische Umformungen auf eine Sinusschwingung entsprechend Gleichung 4.55 gebracht werden.

$$s(l,t) = 2 \cdot \frac{\Delta \hat{v}}{\omega} \cdot sin\left(\frac{\omega \cdot l}{2 \cdot v_T}\right) \cdot sin\left(\omega \cdot t - \frac{\omega \cdot l}{2 \cdot v_T}\right) \qquad \text{Gl. 4.55}$$

Abbildung 4.15 zeigt die zeitliche Änderung der Auslenkungsverteilung über der Latschlänge für mehrere Zeitpunkte t bei einer Anregungsfrequenz von

30 Hz, was eine typische rotatorische Eigenfrequenz eines Rades darstellt, und einer Transportgeschwindigkeit von $v_T = 2{,}5\ m/s$. Diese Geschwindigkeit liegt für die Frequenz von 30 Hz unterhalb der kritischen Geschwindigkeit.

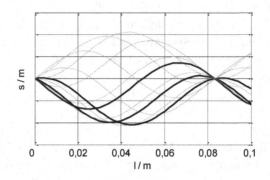

Abbildung 4.15: Auslenkungsverteilung im eingeschwungenen Zustand bei einer Anregung von 30 Hz. Hervorgehoben sind die Zeitpunkte $t = 0{,}06s, 0{,}064s$ und $0{,}068s$.

An der Position $l = 0$ hat die Funktion zu jedem Zeitpunkt den Wert null, vgl. Gleichung 4.55. Dies ist in Übereinstimmung mit der Modellannahme, dass die Latschelemente beim Eintritt in die Latschfläche keine Auslenkung aufweisen. Für die im Beispiel gewählten Zahlenwerte ergibt sich eine weitere Stelle im Latsch, an der die Auslenkung zu jedem Zeitpunkt null ist. Aus Gleichung 4.55 ist zu erkennen, dass dies für alle Stellen mit

$$l = 2 \cdot \pi \cdot k \cdot \frac{v_T}{\omega}, \forall k \in \mathbb{N} \ \wedge \ l \leq L \qquad \text{Gl. 4.56}$$

gilt. Diese Nullstellen werden bei der Betrachtung der Dämpfung des Modells im nächsten Abschnitt von Bedeutung sein. Die Änderung der Transportgeschwindigkeit v_T führt zu einer Streckung der Auslenkungsverteilung entlang der Wegachse l. Die maximale Auslenkungsamplitude der Elemente ändert sich durch eine Variation von v_T hingegen nicht. Für

Geschwindigkeiten von $v_T \gg \omega$ gilt näherungsweise $sin(x) = x$ und $\omega/v_T = 0$. Hiermit folgt aus Gleichung 4.55:

$$s(l,t) = \frac{\Delta\hat{v}}{v_T} \cdot l \cdot sin(\omega \cdot t) \qquad \text{Gl. 4.57}$$

Die Auslenkung der Elemente nach Gleichung 4.57 entspricht einer Geraden, deren Steigung sich umgekehrt proportional zu v_T verhält. Die Amplitude der Kraft, die das Integral der Auslenkungsverteilung ist, verhält sich für große Geschwindigkeiten folglich ebenfalls umgekehrt proportional zur Geschwindigkeit v_T. Dieses Verhalten spiegelt sich auch in der Amplituden-verstärkung nach Abbildung 4.14 wider. Für $v_T \gg \omega$ gilt folglich $v_T > v_{T,krit}$. Für $v_T \to 0$, und somit $v_T < v_{T,krit}$, strebt die Amplituden-verstärkung aus Gleichung 4.48 hingegen gegen einen konstanten Wert, vgl. Gleichung 4.51.

Die Geschwindigkeit hat keinen Einfluss mehr auf die Kraftamplitude. Die Auslenkungsverteilung nach Abbildung 4.15 weist für diesen Fall unendlich viele Nullstellen auf. Die durch eine Geschwindigkeitsänderung hervor-gerufene Streckung oder Stauchung hat nunmehr einen verschwindenden Einfluss auf das Integral der Auslenkungsverteilung, aus dem die Kraft im Reifenlatsch berechnet wird.

Auch die Schwankungen der Amplitudenverstärkung im Bereich der kritischen Geschwindigkeit lassen sich auf die Form der Auslenkungs-verteilung zurückführen. Je weniger Nullstellen im Latsch auftreten, desto größer ist deren Einfluss auf die maximal eingeschlossene Fläche nach Abbildung 4.15, die proportional zur durch das Modell dargestellten Kraft ist.

4.2.3 Verhalten bei freier Schwingung

Im vorangegangenen Kapitel wurde das Verhalten des Bürstenmodells bei externer Anregung durch eine Differenzgeschwindigkeit betrachtet. Das System zeigt einen zeitlich verzögerten Kraftaufbau infolge einer Sprunganregung. Aus der Sinusanregung konnte das Systemverhalten im Frequenzbereich abgeleitet und hinsichtlich eines Geschwindigkeitseinflusses analysiert werden. Es hat sich gezeigt, dass das System eine mit der Geschwindigkeit zunehmende Dämpfung aufweist. In Abhängigkeit vom Verhältnis aus Anregungsfrequenz und Transportgeschwindigkeit zeigt sich ein Wechsel des Systemverhaltens von einem proportionalen zu einem integrierenden Verhalten. Ursächlich hierfür ist die Auslenkungsverteilung über der Latschlänge, deren Verlauf durch eine Änderung der Transportgeschwindigkeit gestaucht bzw. gestreckt wird.

Bei dem in dieser Arbeit verwendeten Bürstenmodell mit masselosen Borsten handelt es sich prinzipiell um ein nicht schwingungsfähiges System. Durch Kombination des Bürstenmodells mit einem massebehafteten Rad erhält das entstehende Gesamtsystem einen zweiten Energiespeicher, der ein Schwingen des Modells ermöglicht. Die Masse des Rades ist hierbei in der Lage, kinetische Energie zu speichern und diese mit denen als Feder modellierten Borsten des Bürstenmodells, die einen potentiellen Energiespeicher darstellen, wechselseitig auszutauschen. Wird das System aus seiner Ruhelage durch eine externe Störung, z.B. in Form eines Momentenimpulses, angeregt, stellt sich nach einer Einschwingzeit eine freie Schwingung ein. Wie bereits zu Beginn von Kapitel 4 beschrieben wurde, ergibt sich am Latschende durch Borsten, die das System verlassen, eine Abnahme der durch das Modell abgebildeten Kraft, die zu einer Dämpfung des Schwingungsvorgangs führt. Aus dem Abklingverhalten können Rückschlüsse auf die Art und die Größe der Dämpfung gezogen werden, vgl. [38].

Die Betrachtungen in diesem Zusammenhang erfolgen anhand des diskreten Bürstenmodells aus Kapitel 4.1.2. Mit diesem Modell können die Reaktionen des Systems auf ein beliebiges Eingangssignal durch eine numerische Simulation bestimmt werden. Um die Vergleichbarkeit mit den Ergebnissen aus dem vorherigen Kapitel zu gewährleisten, wird die Transportgeschwindigkeit der Borsten v_T konstant gesetzt. Die vorher nicht näher definierte Transportgeschwindigkeit muss nun aus den Geschwindigkeiten des Rades und des Aufbaus berechnet werden. Als Referenz für diese Geschwindigkeit wird bei den folgenden Betrachtungen die Fahrzeuggeschwindigkeit v_F verwendet. Die Anregung des Systems erfolgt durch ein auf das Rad wirkendes Moment M. Abbildung 4.16 zeigt den Aufbau des für die Simulation verwendeten Modells.

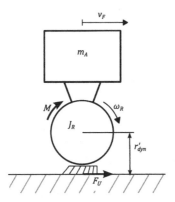

Abbildung 4.16: Viertelfahrzeugmodell mit einem Reifenmodellansatz nach dem Bürstenmodell.

Das Modell entspricht dem aus Kapitel 2.2 bekannten Viertelfahrzeugmodell, wobei der Kraftaufbau zwischen Reifen und Straße nun durch das Bürsten-modell beschrieben wird.

Die Ruhelage des Systems entspricht dem mit konstanter Geschwindigkeit umfangskraftfrei abrollenden Rad. Die Borsten des Bürstenmodells weisen bei diesem Zustand keine Auslenkung auf. Auch bei diesen Betrachtungen werden Luft- und Rollwiderstand vernachlässigt. Die Anregung erfolgt durch einen, auf das Rad wirkenden Momentenimpuls, der die Dauer eines Simulationsschrittes der Länge t_S hat. Die dem System hierdurch zugeführte Energie entspricht:

$$\Delta E_S = \frac{1}{2} \cdot \frac{M^2}{J_R} \cdot t_S^2 \qquad \text{Gl. 4.58}$$

Hieraus kann unter Verwendung der Bewegungsgleichung des Rades direkt die sich am Rad einstellende Differenzgeschwindigkeit Δv berechnet werden.

$$\Delta v = r'_{dyn} \cdot \frac{M}{J_R} \cdot t_S \qquad\qquad \text{Gl. 4.59}$$

Die Borsten haben nach dem Momentenimpuls folglich alle die gleiche Auslenkung der Größe:

$$s(l, t + t_S) = \Delta v \cdot t_S = r'_{dyn} \cdot \frac{M}{J_R} \cdot t_S^2 \qquad\qquad \text{Gl. 4.60}$$

Nach dem Momentenimpuls findet keine weitere externe Energiezufuhr statt. Änderungen des Systemzustandes ergeben sich ausschließlich aus dem wechselseitigen Austausch von kinetischer und potentieller Energie sowie der Dissipation am Latschende, die durch die in den Borsten gespeicherte Energie entsteht, die die Systemgrenze verlassen.

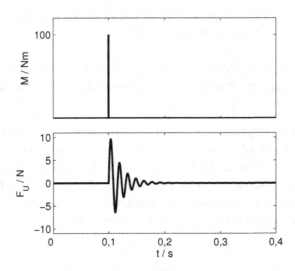

Abbildung 4.17: Anregung in Form eines Momentenimpulses zum Zeitpunkt $t = 0.1\,s$ und die Reaktion des Bürstenmodells in Form der Umfangskraft F_U.

Abbildung 4.17 zeigt qualitativ den zeitlichen Verlauf des Momentenimpulses und die daraus resultierende Reaktion des Systems in Form der
zwischen Reifen und Fahrbahnoberfläche wirkenden Kraft F_U.

Das Bürstenmodell reagiert auf die Impulsanregung mit einer viskos
gedämpften Schwingung, vgl. [41]. Nach dem Schwingvorgang kehrt das
System in seine ursprüngliche Ruhelage zurück. Um den Geschwindigkeitseinfluss auf das Systemverhalten zu bestimmen, werden Simulationen für
Geschwindigkeiten von 0 bis 20 m/s durchgeführt und jeweils die Frequenz
f und das Lehrsche Dämpfungsmaß D der Schwingung bestimmt. Das
Ergebnis der durchgeführten Simulationen ist in Abbildung 4.18 dargestellt.

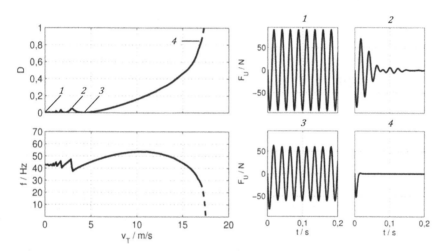

Abbildung 4.18: Dämpfungs- und Schwingungsverhalten des Bürstenmodells in Abhängigkeit von der Geschwindigkeit v_T.[4]

Für $v_T = 0$ zeigt das System eine ungedämpfte Schwingung, da bei dieser
Geschwindigkeit keine Borstenelemente die Latschfläche verlassen. Die

---

[4] Die Parameter für die Simulation lauten: $J_R = 1{,}5\ kgm^2$, $m_F = 459kg$, $r'_{dyn} = 0{,}3m$, $L = 0{,}1m$,
$c_L = 1{,}2 \cdot 10^7\ N/m^2$.

ungedämpfte Eigenfrequenz liegt mit den gewählten Systemgrößen bei $f_0 = 42,8\,Hz$. Sie ergibt sich aus der Gesamtsteifigkeit der Borsten im Latsch und der auf diesen schwingenden Aufbaumasse. Mit steigender Geschwindigkeit nimmt die Dämpfung zunächst zu, fällt jedoch immer wieder auf null ab. In Abbildung 4.18 ist der zeitliche Verlauf des Kraftsignals beispielhaft für die Punkte 2 und 3 dargestellt. Dieses Verhalten resultiert aus der im vorherigen Kapitel hergeleiteten Form der Auslenkungsverteilung. Wie bei der Sinusanregung ist die Auslenkung am Latschende für Kombinationen von Kreisfrequenz $\omega = 2 \cdot \pi \cdot f$ und Transportgeschwindigkeit v_T nach Gleichung 4.56 gleich null. Die fehlende Dissipation am Latschende führt, trotz einer Transportgeschwindigkeit $v_T > 0$, zu einer ungedämpften Schwingung mit einem Dämpfungsmaß von $D = 0$.

Die gedämpfte Eigenfrequenz ω_d kann aus der Dämpfung D und der ungedämpften Eigenkreisfrequenz ω_0 nach Gleichung 4.61 berechnet werden.

$$\omega_d = \omega_0 \cdot \sqrt{1 - D} \qquad\qquad \text{Gl. 4.61}$$

Bei einer Geschwindigkeit von $v_T = 17\,m/s$ ist das System bereits so stark gedämpft, dass das Dämpfungsmaß und die Frequenz durch eine Auswertung des Zeitsignals nicht mehr eindeutig bestimmt werden können, vgl. Punkt 4 Abbildung 4.18. Für Geschwindigkeiten größer $17,3\,m/s$ geht das System schließlich in ein überkritisch gedämpftes Verhalten über.[5]

Die analytischen Betrachtungen haben ergeben, dass sich das Verhalten eines Reifens beim Überschreiten einer kritischen Geschwindigkeit maßgeblich ändert. Die Höhe dieser Geschwindigkeit ist abhängig von der Frequenz der Anregung. Für Geschwindigkeiten oberhalb der kritischen Geschwindigkeit weist das Verhältnis aus der Umfangskraft in der Kontaktfläche und der Anregung über eine Differenzgeschwindigkeit ein integrierendes Verhalten

---

[5] Der Verlauf des Dämpfungsmaßes und der gedämpften Eigenkreisfrequenz ist für den Bereich $v_T > 17m/s$ durch eine Extrapolation des Kurvenverlaufs auf Basis eines Splines angenähert.

mit einer sinkenden Amplitudenverstärkung auf, das auch durch die klassische Schlupfdefinition beschrieben wird. In diesem Bereich ist die zeitliche Kraftantwort des Reifens infolge einer externen Anregung stark gedämpft. Die Dämpfung resultiert aus der Dissipation am Auslauf des Latsches, die eine Folge der in den Borsten gespeicherten Energie ist, die die Latschfläche verlassen.

Für kleine Geschwindigkeiten zeigt die klassische Schlupfdefinition hingegen nicht mehr das durch das physikalische Bürstenmodell beschriebene Verhalten. Anstelle einer konstanten Amplitudenverstärkung als Folge einer Sinusanregung und einer geschwindigkeitsunabhängigen Steifigkeit nehmen beide Kennwerte bei der klassischen Schlupfdefinition mit sinkender Geschwindigkeit stetig zu und führen bei einer Geschwindigkeit von null zu der bereits in Kapitel 2 beschriebenen Singularität.

Da die Dissipation des Bürstenmodells bei $v_T = 0$ komplett verschwindet, werden Schwingungen des Rades oder des Aufbaus nicht mehr gedämpft. Das System verharrt folglich in einer fortwährenden Schwingung. Beim realen Reifen existiert neben der kinematischen Dämpfung, die durch das Bürstenmodell abgebildet wird, noch eine Materialdämpfung, die sowohl beim rollenden, als auch beim stehenden Rad eine zusätzliche Dämpfung bewirkt.

Ein Reifenmodell, das auch für Geschwindigkeiten unterhalb der kritischen Geschwindigkeit verwendet werden soll, sollte folglich das Verhalten des physikalischen Modells aufweisen, um physikalisch realistische und numerisch stabile Simulationsergebnisse zu liefern. Grundlegend ist dies das Verhalten eines Tiefpassfilters, der eine sinkende Amplitudenverstärkung bei großen Anregungsfrequenzen aufweist. Darüber hinaus muss eine Materialdämpfung integriert werden, die auch beim stehenden Rad für eine Dämpfung des Modells sorgt.

5 Neuartiges Reifenmodell für die Fahrdynamiksimulation

In diesem Abschnitt der Arbeit wird aus denen in Kapitel 4 gewonnen Erkenntnissen ein Reifenmodell für den Einsatz in der Fahrdynamiksimulation entwickelt. Das Modell löst dabei das Problem der Singularität bei einer Geschwindigkeit von null, das bei der herkömmlichen Schlupfdefinition entsteht, vgl. Kapitel 2. Des Weiteren wird das Modell auch im Bereich hoher Geschwindigkeiten nutzbar sein, indem es, dem Verhalten des Bürstenmodells entsprechend, kontinuierlich in das herkömmliche Beschreibungsmodell übergeht.

Bei der Modellentwicklung steht hierbei nicht die detaillierte physikalische Beschreibung der Kraftentstehung im Vordergrund, sondern vielmehr eine im Rahmen der Systemdynamik hinreichend genaue Abbildung des Eingang-Ausgangverhaltens des Systems [42]. Für das stationäre Verhalten bei Geschwindigkeiten ungleich null sollte hingegen Gleichheit zwischen der herkömmlichen und der zu entwickelnden Beschreibung herrschen, um die problemlose Einbindung stationär ermittelter Kraftmodelle zu gewährleisten. Zu beachten ist, dass das Modell diese Eigenschaft für alle denkbaren Betriebszustände eines Kraftfahrzeuges, ebenso wie den Übergang zwischen diesen, erfüllt. Insbesondere Unstetigkeitsstellen in der Beschreibung des Zustandes sind zu vermeiden, da diese sowohl numerische Probleme hervorrufen, als auch eine realistische Abbildung der Fahrzeugbewegung erschweren.

Der grundlegende Aufbau des entwickelten Modells basiert auf einer Trennung zwischen den Teilsystemen Zustandsbeschreibung im Latsch, Kraftmodell und einer weiteren Komponente, die die Materialeigenschaften des Reifens berücksichtigt. Diese Aufteilung erlaubt es, bestehende empirische Modelle für das Umfangskraftverhalten in das Modell einzubinden und somit vorhandene Datensätze zu nutzen. Abbildung 5.1 vergleicht die einzelnen Modellkomponenten der herkömmlichen Schlupfdefinition, des Bürstenmodells und des in diesem Kapitel zu entwickelnden Modells.

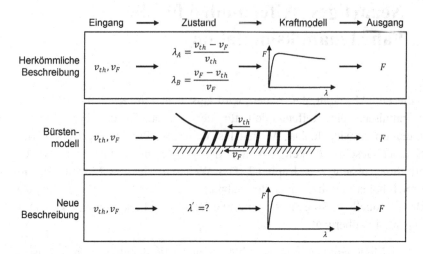

Abbildung 5.1: Vergleich der Umfangskraftberechnung nach der herkömmlichen Beschreibung über den Schlupf, nach dem Bürstenmodell und nach der zu entwickelnden neuen Beschreibung.

Der Eingang in Form eines auf das Rad wirkenden Momentes, aus dem eine Differenzgeschwindigkeit resultiert, ist bei allen Modellansätzen derselbe. Auch der Ausgang der Modelle, in Form der in der Kontaktfläche wirkenden Umfangskraft F_U, ist gleich. Die herkömmliche Beschreibung definiert den Zusammenhang zwischen Eingang und Ausgang des Modells über die Kenngröße des Schlupfes und ordnet diesem über eine mathematische Funktion eine Kraft zu. Beim Bürstenmodell wird dieser Zusammenhang durch die aus der Differenzgeschwindigkeit resultierende Auslenkung der Borsten repräsentiert. Die Steifigkeit, die den einzelnen Borsten zugewiesen ist, ergibt direkt eine in der Kontaktfläche wirkende Kraft. Die neue Beschreibung wird die physikalisch richtige Beschreibung des Zustandes aus dem Bürstenmodell in eine mathematische Beschreibung überführen und dieser anschließend ein mathematisch empirisches Kraftmodell zuweisen, das dem der herkömmlichen Beschreibung entspricht.

Durch die empirische Abbildung des Kraftmodells kann auf die physikalische Modellierung der sehr komplexen Reibungsvorgänge zwischen Reifen und Fahrbahn verzichtet werden. Die neue Zustandsbeschreibung sollte neben der angesprochenen Vollständigkeit die wesentlichen Eigenschaften der Informationsspeicherung und geschwindigkeitsabhängigen Dämpfung des physikalischen Bürstenmodells aus Kapitel 4 abbilden.

Die Modellierung der Materialdämpfung folgt der Zielsetzung einer physikalischen Nachvollziehbarkeit und Wechselwirkungsfreiheit mit anderen Modellteilen. Zusammen mit einer geringen Anzahl von Modellparametern kann so sichergestellt werden, dass der Aufwand bei der Parametrierung gering bleibt.

In Abschnitt 5.1 wird zunächst eine Zustandsbeschreibung abgeleitet, die für sämtliche Fahrzustände eindeutig definiert ist und somit die Grundlage für eine Anwendung in Fahrdynamiksimulationen bildet. Danach erfolgt die Modellierung der Materialeigenschaften, die insbesondere bei geringen Geschwindigkeiten für eine realistische Dämpfung des Systems sorgen. Durch Kombination mit einem empirischen Kraftmodell wird das Reifenmodell schließlich vervollständigt.

5.1 Modell für die Zustandsbeschreibung

Der Zustand des physikalischen Modells aus Kapitel 4 ist für jeden Zeitpunkt durch die Auslenkung der einzelnen Borsten definiert. Die Anzahl der Borsten entspricht hierbei der Anzahl der Zustandsgrößen des Systems. Im Falle der kontinuierlichen Beschreibung wird der Zustand des Systems nicht durch diskrete Zustandsgrößen sondern durch eine analytische Funktion, der Auslenkungsverteilung über der Latschlänge, beschrieben. In beiden Fällen handelt es sich um eine örtlich verteilte Zustandsbeschreibung. Die Änderung der Zustandsgrößen ergibt sich, wie in den Betrachtungen anhand des physikalischen Modells gesehen, aus der im Latsch wirkenden Differenzgeschwindigkeit.

Für den aktuellen Systemzustand sind hierbei nicht nur die Geschwindigkeiten zum entsprechenden Betrachtungszeitpunkt von Bedeutung, sondern auch die in der Vergangenheit liegenden Systemeingänge, die zu diesem

Zustand geführt haben. Systeme mit entsprechenden Speicherelementen werden als „Systeme mit Gedächtnis" bezeichnet, vgl. [41]. Die Eigenschaft der Informationsspeicherung ist für die Zustandsbeschreibung des Latsches von großer Bedeutung, da durch sie ermöglicht wird, dass auch bei stehendem Fahrzeug und nicht rotierendem Rad der Zustand durch die zurückliegenden Eingangsgrößen eindeutig definiert ist. Die Art des Manövers bzw. der zeitliche Verlauf der Geschwindigkeiten, die zum Stillstand des Rades führen, definieren hierbei die Auslenkung der einzelnen Borsten. Beim Anfahren muss diese als initiale Auslenkung berücksichtigt werden.

Verlässt ein Latschelement die Systemgrenzen am Ende des Latsches, geht die durch dieses Element gespeicherte Information verloren. Die Größe bzw. Länge des Speichers ist im Fall des Bürstenmodells folglich nicht zeitabhängig, sondern wird durch die Länge des Latsches determiniert. Erst nachdem ein Weg zurückgelegt wurde, der der Latschlänge entspricht, ist der Informationsgehalt des Latsches vollständig ersetzt.

Neben der Möglichkeit, Informationen zu speichern, bildet die Wirkung des Latsches als Filter die zweite, wesentliche Eigenschaft, die bei der Modellierung zu berücksichtigen ist. Das Filterverhalten beschreibt den Zusammenhang zwischen Eingangs- und Ausgangssignal. Es wechselt beim Bürstenmodell von einem proportionalen Verhalten bei geringen Frequenzen zu einem integrierenden Verhalten mit einer zur Frequenz umgekehrt proportionalen Abnahme der Amplitudenverstärkung und einer 90° Phasenverschiebung bei hohen Frequenzen.

Die örtliche Verteilung der Zustände beim Bürstenmodell bedingt in der numerischen Simulation eine Diskretisierung, durch die eine den Stützstellen entsprechende Anzahl von Zustandsgrößen entsteht. Um den Modellfehler durch Interpolation gering zu halten, bedarf es einer großen Anzahl von Stützstellen. Dies hat einen erhöhten Rechenaufwand zur Folge, der den Einsatz solcher Modelle im Rahmen von Echtzeitanwendungen problematisch gestaltet. Eine Vereinfachung des Modells ist somit erstrebenswert.

Für die Vereinfachung von Modellen gibt es nach [37] zwei mögliche Wege. Zum einen kann versucht werden die Anzahl der das System beschreibenden

Zustände zu reduzieren. Eine zweite Möglichkeit, die in dieser Arbeit verfolgt wird, besteht darin, das Systemverhalten durch ein einfacheres System anzunähern. In beiden Fällen ist darauf zu achten, dass das reduzierte bzw. vereinfachte Modell die für die jeweilige Anwendung relevanten Eigenschaften mit hinreichender Genauigkeit abbildet. Die Annäherung des Systemverhaltens durch ein einfaches System kann anhand der gewonnenen Erkenntnisse aus der Analyse des Systemverhaltens in Kapitel 4 erfolgen. Hierbei sollte sowohl das Frequenz als auch das Zeitverhalten des Systems berücksichtigt werden.

Das Systemverhalten im Frequenzbereich zeigt beim Bürstenmodell für Frequenzen kleiner der Eckfrequenz ω_K näherungsweise das Verhalten eines Proportionalgliedes (P-Verhalten), vgl. Abbildung 4.12. Dies bedeutet, dass die Kraft proportional zu der das System anregenden Differenzgeschwindigkeit ist. Für Frequenzen oberhalb der Eckfrequenz ω_K dominiert das System ein integrierendes Verhalten, bei dem die Amplitudenverstärkung mit -20dB pro Dekade abfällt [37]. Die kritische Frequenz ω_K, bei der der Wechsel erfolgt, wird ebenso wie die Verstärkung im Proportionalbereich durch die Größe der Transportgeschwindigkeit bestimmt. Durch eine Annäherung der beiden Bereiche über Geraden kann die Eckfrequenz des Systems, bei der der Übergang stattfindet, bestimmt werden.

Die Grenzwerte der frequenzabhängigen Amplitudenverstärkung für $\omega \to 0$ und $\omega \to \infty$ können aus Gleichung 4.48 berechnet werden. Sie ergeben sich zu:

$$\lim_{\omega \to 0} A = \frac{c_L \cdot L^2}{2 \cdot v_T} \qquad \text{Gl. 5.1}$$

$$\lim_{\omega \to \infty} A = \frac{c_L \cdot L}{\omega} \qquad \text{Gl. 5.2}$$

Der Schnittpunkt der beiden Funktionen liefert die bereits in Kapitel 4 hergeleitete Eckfrequenz ω_K:

$$\omega_K = \frac{2 \cdot v_T}{L} \qquad\qquad \text{Gl. 5.3}$$

Gleichung 5.3 spiegelt die Abhängigkeit des Systemverhaltens von den Größen Transportgeschwindigkeit und Latschlänge wider.

Die Phasenverschiebung fällt im Bereich der kritischen Frequenz von 0° auf -90°. Diese Werte entsprechen den Phasenverschiebungen der entsprechenden Näherungsfunktionen aus Gleichung 5.1 und 5.2. Grundlegend hat das System den Charakter eines Tiefpassfilters [37]. Dieser lässt niedrige Frequenzen durch und dämpft höhere Anregungsfrequenzen.

Das Systemverhalten kann in guter Näherung durch ein System erster Ordnung (PT1-Glied) mit einer ω_K entsprechenden Eckfrequenz und einem Gleichung 5.1 entsprechenden Verstärkungsfaktor abgebildet werden. Das PT1-Glied stellt die einfachste Form eines Tiefpassfilters dar. Die Übertragungsfunktion des entsprechenden PT1-Gliedes lautet:

$$G_{PT1} = \frac{c_L \cdot L^2}{2 \cdot v_T} \cdot \frac{1}{\frac{1}{\omega_K} \cdot S + 1} = \frac{c_L \cdot L^2}{2 \cdot v_T} \cdot \frac{1}{\frac{L}{2 \cdot v_T} \cdot S + 1} \qquad \text{Gl. 5.4}$$

Der erste Term der Übertragungsfunktion bildet den Verstärkungsfaktor. Er beschreibt die stationäre Verstärkung des Systemeingangs. Der Ausdruck $1/\omega_K$ ist die Zeitkonstante T des Systems. Aus ihr ergibt sich die Geschwindigkeit mit der der zeitlich verzögerte Ausgang des Systems auf ein Eingangssignal reagiert.

Abbildung 5.2 zeigt die Frequenzgänge des Bürstenmodells und des entsprechenden PT1-Gliedes für drei verschiedene Transportgeschwindigkeiten.

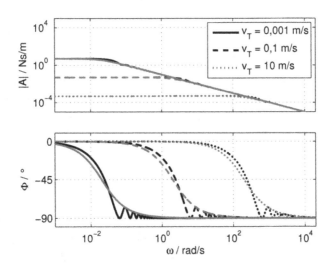

Abbildung 5.2: Annäherung des Bürstenmodells (schwarze Linien) durch ein PT1 Verhalten (graue Linien) für drei Transportgeschwindigkeiten v_T.

Die Systeme zeigen dasselbe stationäre Verhalten bei $\omega = 0$. Auch ihr Grenzwert für $\omega \to \infty$ ist identisch. Die größten Abweichungen ergeben sich im Bereich der Eckfrequenz. Dennoch wird auch dieser qualitativ richtig abgebildet.

Das PT1-Verhalten des reduzierten Systems wird durch die folgende Differentialgleichung beschrieben.

$$\frac{L}{2 \cdot v_T} \cdot \dot{F}' + F' = c_L \cdot \frac{L^2}{2 \cdot v_T} \cdot \Delta v \qquad \text{Gl. 5.5}$$

Die Variable F' mit der Einheit einer Kraft ist die Zustandsvariable des Systems. Die Näherung reduziert das Bürstenmodell mit seinen örtlich verteilten Zuständen folglich auf ein System mit nur einem Zustand, wobei dieser, anders als beim Bürstenmodell, auch den Ausgang des Systems darstellt. Die Forderung nach einer möglichst genauen Abbildung des Eingangs- Ausgangsverhaltens des Systems wird hierdurch nicht beeinflusst, da für die Betrachtungen in Umfangsrichtung nicht die Verteilung der Kraft über der Latschlänge relevant ist, sondern lediglich die Summe der in der Latschfläche wirkenden Kräfte.

Eine Diskretisierung des PT1-Systems verdeutlicht den Zusammenhang und die getroffene Vereinfachung gegenüber dem Bürstenmodell. Die aus Gleichung 5.5 abgeleitete Differenzengleichung für eine zeitliche Diskretisierung mit der Schrittweite Δt lautet:

$$\frac{\Delta F'}{\Delta t} = c_L \cdot L \cdot \Delta v - \frac{2}{L} \cdot F'(t) \cdot v_T(t) \qquad \text{Gl. 5.6}$$

Wie bei der Kräftebilanz am Bürstenmodell, vgl. Gleichung 4.17, ergibt sich die Zustandsänderung aus einem positiven Anteil der proportional zum Systemeingang, der Differenzgeschwindigkeit Δv, ist und einem negativen Teil, der proportional mit der Transportgeschwindigkeit v_T ansteigt. Der negative Anteil folgt im Gegensatz zum Bürstenmodell nicht aus der Auslenkung des letzten Latschelementes s_L, sondern aus der Kraft F', die proportional zu einer durchschnittlichen Borstenauslenkung im Latsch ist. Das entstandene Modell kann folglich auch als Bürstenmodell mit nur einer Borste interpretiert werden.

Für $v_T = 0$ verschwindet, dem Bürstenmodell entsprechend, der negative Anteil, wodurch sich auch bei diesem Modell das ungedämpfte Verhalten einer Feder einstellt.

Ein Vergleich der beiden Systeme im Zeitbereich zeigt die gute Näherung, die das PT1-System darstellt. Als Testfunktionen werden, wie bei der Analyse des Modellverhaltens, eine Sprung- und eine Sinusanregung gewählt.

Abbildung 5.3 zeigt die Ergebnisse der Simulation bei einer Transportgeschwindigkeit von $v_T = 1\ m/s$ und einer Anregungsfrequenz von $15\ Hz$.

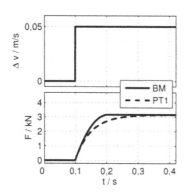 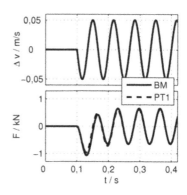

Abbildung 5.3: links: Systemantwort von Bürstenmodell (BM) und PT1-System auf eine Sprunganregung im Zeitbereich für $v_T = 1\,m/s$.

rechts: Systemantwort von Bürstenmodell und PT1-System auf eine Sinusanregung im Zeitbereich für $v_T = 1\,m/s$.

Die Sprungantwort der Systeme zeigt erwartungsgemäß denselben stationären Endwert, da der Verstärkungsfaktor des PT1-Systems dem Stationärwert des Bürstenmodells bei $\omega = 0$ entspricht. Zudem weisen beide Systeme eine identische maximale Kraftänderungsrate auf, die sich aus der Nulllage heraus ergibt. Die Dauer bis zum Erreichen des stationären Endwertes entspricht beim Bürstenmodell der Durchlaufzeit eines Elementes durch den Latsch $t_L = L/v_T$. Für das PT1-System wird die Geschwindigkeit des Kraftaufbaus über die Zeitkonstante $T = L/(2 \cdot v_T)$ beschrieben, vgl. Gleichung 5.4. Die Zeitkonstante definiert den Zeitpunkt, zu dem 63% des stationären Endwertes erreicht sind [37]. Auch das Verhalten bei Sinusanregung zeigt eine gute Übereinstimmung der beiden Systeme.

Für Kombinationen aus Geschwindigkeit und Anregungsfrequenz, die sich deutlich über der Eckfrequenz befinden, gleichen sich die beiden Modelle erwartungsgemäß noch stärker. Abbildung 5.4 zeigt das Zeitverhalten für eine Transportgeschwindigkeit von $v_T = 10\,m/s$ und eine dem letzten Beispiel entsprechenden Anregungsfrequenz von 15 Hz.

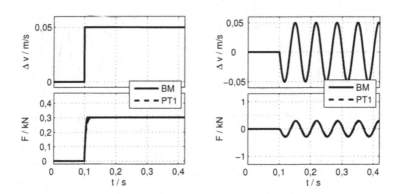

Abbildung 5.4: links: Systemantwort von Bürstenmodell und PT1-System
auf eine Sprunganregung im Zeitbereich für
$v_T = 10\ m/s$.

rechts: Systemantwort von Bürstenmodell und PT1-System
auf eine Sinusanregung im Zeitbereich für
$v_T = 10\ m/s$.

Neben dem schnelleren Einlaufverhalten ist auch das integrierende Verhalten
des Modells in diesem Geschwindigkeitsbereich zu erkennen, das zu einer
deutlich kleineren Kraftamplitude am Systemausgang führt, vgl. auch
Abbildung 5.2.

Aus physikalischer Sicht entspricht das Verhalten eines PT1-Gliedes einer
Reihenschaltung aus einem viskosen Dämpfer und einer Feder, einem
sogenannten Maxwell-Element [41]. Die Differenzgeschwindigkeit greift als
Systemeingang am rechten Ende des Elementes an. Der Systemausgang
entspricht der im Element wirkenden Kraft, vgl. Abbildung 5.5.

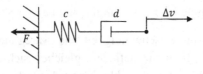

Abbildung 5.5: Physikalisches Ersatzmodell des PT1-Systems als Reihenschaltung einer Feder mit der Federsteifigkeit c und einem
viskosen Dämpfer mit dem Dämpfungsfaktor d.

Die allgemeine Differenzialgleichung für ein PT1-System mit dem Eingang $u(t)$ und einem Zustand $y(t)$ lautet:

$$T \cdot \dot{y}(t) + y(t) = K \cdot u(t) \qquad \text{Gl. 5.7}$$

T ist die Zeitkonstante des Systems und K der Proportionalitätsfaktor [37]. Die Feder- und Dämpfungskonstanten c und d des Elementes ergeben sich aus den Parametern des PT1-Gliedes zu:

$$d = K = c_L \cdot L \cdot \frac{L}{2 \cdot v_T} \qquad \text{Gl. 5.8}$$

$$c = \frac{K}{T} = c_L \cdot L \qquad \text{Gl. 5.9}$$

Den Betrachtungen der freien Schwingung des Bürstenmodells aus Kapitel 4.2.3 entsprechend, wird im Folgenden das Schwingungsverhalten des Ersatzmodells in Kombination mit einem massebehafteten Rad untersucht. Abbildung 5.6 zeigt den Aufbau des resultierenden Modells.

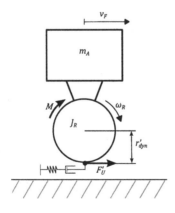

Abbildung 5.6: Viertelfahrzeugmodell mit PT1-Latschmodell für die Zustandsbeschreibung.

Die analytische Beschreibung des Ersatzmodells erlaubt es hierbei, das System in Form von Differentialgleichungen darzustellen. Die Bewegungsgleichungen des Systems in Zustandsraumdarstellung lauten:

$$
\begin{pmatrix} \dot{F}'_U \\ \dot{\omega}_R \end{pmatrix} = \begin{pmatrix} -\dfrac{2 \cdot v_T}{L} & -c_L \cdot L \cdot r'_{dyn} \\ \dfrac{r'_{dyn}}{J_R} & 0 \end{pmatrix} \cdot \begin{pmatrix} F'_U \\ \omega_R \end{pmatrix} + \begin{pmatrix} c_L \cdot L \cdot v_F \\ -\dfrac{M}{J_R} \end{pmatrix} \qquad \text{Gl. 5.10}
$$

Auf eine Unterscheidung des dynamischen Radhalbmessers r_{dyn} und dem geometrischen Abstand r'_{dyn} zwischen Radmitte und Fahrbahnoberfläche wurde hier aus Gründen der Anschaulichkeit der Gleichungen verzichtet. Die grundlegenden Aussagen zum dynamischen Verhalten des Systems werden durch diese Annahme nicht beeinflusst. Zudem wurde $\Delta v = v_F - \omega_R \cdot r'_{dyn}$ gesetzt und angenommen, dass v_F sich deutlich langsamer ändert als v_{th} und somit als konstant angenommen werden kann. Die Eigenwerte λ_e der Zustandsmatrix A_e sind bestimmend für das dynamische Verhalten des Systems. Die charakteristische Gleichung des obigen Systems berechnet sich zu:

$$
det(A_e - \lambda_e \cdot E) = det \begin{pmatrix} -\dfrac{2 \cdot v_T}{L} - \lambda_e & -c_L \cdot L \cdot r'_{dyn} \\ \dfrac{r'_{dyn}}{J_R} & 0 - \lambda_e \end{pmatrix} = 0 \qquad \text{Gl. 5.11}
$$

$$
\lambda_e^2 + \frac{2 \cdot v_T}{L} \cdot \lambda_e + \frac{c_L \cdot L \cdot r'^{2}_{dyn}}{J_R} = 0 \qquad \text{Gl. 5.12}
$$

Aus der charakteristischen Gleichung folgen die Eigenwerte λ_e des Systems.

$$
\lambda_{e_{1,2}} = -\frac{v_T}{L} \pm \sqrt{\frac{v_T^2}{L^2} - \frac{c_L \cdot L \cdot r'^{2}_{dyn}}{J_R}} \qquad \text{Gl. 5.13}
$$

Die Eigenwerte bestimmen die Eigenbewegung des Systems. Sie können reel sein oder paarweise konjugiert komplex auftreten. Ist der Realteil aller Eigenwerte des Systems negativ, so ist das System stabil [37]. Für positive Werte von v_T und c_L ist dies stets der Fall.

In Abhängigkeit von v_T kann die Lösung einen Imaginärteil beinhalten, der auf ein oszillierendes Verhalten des Systems im Zeitbereich schließen lässt. Abbildung 5.7 stellt die Lage der Eigenwerte in der komplexen Zahleneben in Abhängigkeit von der Transportgeschwindigkeit dar. Die Werte für L, c_L, J_R und r'_{dyn} [1] entsprechen denen aus Kapitel 4.2.3. Bei $v_T = 0\ m/s$ liegt ein konjugiert komplexes Polstellenpaar ohne Realteil vor. Dies bedeutet, dass das System ungedämpft schwingt. Für Geschwindigkeiten von $v_T > 36,3\ m/s$ verschwindet der Imaginärteil der Polstellen. Die Zeitantwort ist schwingungsfrei, das System somit überkritisch gedämpft.

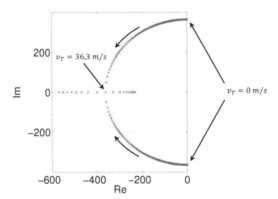

Abbildung 5.7: Änderung der Eigenwerte λ_e bei Variation der Geschwindigkeit v_T von 0 bis 40 m/s.

---

[1] $L = 0,1\ m$, $c_L = 22.000.000\ \frac{N}{m^2}$, $J_R = 1,5 kgm^2$, $r'_{dyn} = 0,3\ m$

Aus Gleichung 5.13 berechnet sich das Lehrsche Dämpfungsmaß D der Schwingung zu

$$D = \frac{\delta}{\omega_0} = \frac{v_T}{L \cdot \omega_0} \qquad \text{Gl. 5.14}$$

wobei ω_0 die Eigenkreisfrequenz des Systems darstellt.

$$\omega_0 = \sqrt{\frac{c_L \cdot L \cdot {r'_{dyn}}^2}{J_R}} \qquad \text{Gl. 5.15}$$

Umformen von Gleichung 5.14 führt zur Bedingung für v_T, die ein überkritisch gedämpftes Systemverhalten mit $D \geq 1$ zur Folge hat.

$$v_T > L \cdot \sqrt{\frac{c_L \cdot L \cdot {r'_{dyn}}^2}{J_R}} = L \cdot \omega_0 \qquad \text{Gl. 5.16}$$

Überschreitet die Geschwindigkeit v_T diesen Wert treten im Kraftsignal am Systemausgang keine Schwingungen mehr auf. Es kommt zu einer asymptotischen Annäherung an den Stationärwert.

Für die Betrachtungen des Systemverhaltens, insbesondere in Kombination mit dem massebehafteten Rad, war es zweckmäßig auf Basis von Kräften zu argumentieren. Sowohl beim Bürstenmodell als auch bei dem aus diesem abgeleiteten PT1-System galt die Annahme eines linearen Zusammenhangs zwischen der Borstenauslenkung, bzw. dem inneren Systemzustand des PT1-Gliedes, und der am Systemausgang auftretenden Kraft. Wie bereits in Kapitel 3 angesprochen, ist die Auslenkung der Borsten beim realen Kontakt zwischen Reifen und Fahrbahn durch den maximalen Kraftschlussbeiwert begrenzt. Hierdurch kommt es zu einem nichtlinearen Verhalten, das sich im nichtlinearen Umfangskraftverhalten eines Reifens widerspiegelt. Aus Gründen der einfachen Parametrierbarkeit wird in dieser Arbeit auf eine detaillierte Modellierung dieses Verhaltens verzichtet. Stattdessen wird die Integration eines empirisch ermittelten Zusammenhangs in das Modell ermöglicht. Hierfür ist es zweckmäßig die Latschsteifigkeit, die den linearen Zusammenhang zwischen Auslenkung und Kraft beschreibt, aus dem Zustandsmodell zu eliminieren und das dynamische Verhalten einheitenlos abzubilden. Aus Gleichung 5.5 folgt:

$$\frac{L}{2 \cdot v_T} \cdot \dot{\lambda}' + \lambda' = \frac{1}{v_T} \cdot \Delta v \qquad \text{Gl. 5.17}$$

Der neue Zustand wird als dynamischer Schlupf λ' bezeichnet. Er zeigt dasselbe Verhalten bezüglich der Anregungsfrequenz und Transportgeschwindigkeit wie es zuvor bei der Umfangskraft der Fall war.

Die bisherigen Betrachtungen erfolgten anhand einer allgemeinen Transportgeschwindigkeit v_T. Diese bestimmt im Fall des Bürstenmodells die Position der Borsten im Latsch und den Zeitpunkt, zu dem sie diesen verlassen. Hierdurch ist sie ausschlaggebend für das Verhalten, insbesondere für die Dämpfung, des Systems. Selbiges gilt für das Ersatzmodell der Vorgänge im Latsch. Bei Anwendung des Modells im Rahmen einer Simulation muss die Transportgeschwindigkeit aus den Systemeingängen berechnet werden. Dies sind die Fahrzeuggeschwindigkeit v_F und die Winkelgeschwindigkeit ω_R des Rades bzw. die aus dieser berechnete theoretische Geschwindigkeit $v_{th} = \omega_R \cdot r_{dyn}$.

Wie in Kapitel 4.1.1 erwähnt, scheint aus physikalischer Sicht die Wahl von v_{th} als Bezugsgröße sinnvoll, da die Krafteinleitung in den Reifen an der durch diese Geschwindigkeit definierten Position der Borstenenden erfolgt. Bei blockierendem Rad mit $v_{th} = 0$ verschwindet bei dieser Betrachtungsweise der dissipative Anteil des Modells und die Kraft nimmt, ebenso wie die Borstenauslenkung, proportional mit dem zurückgelegten Weg zu. Dies hat zur Folge, dass die Zustandsgröße über alle Grenzen wachsen kann. Im realen Kontakt zwischen Reifen und Fahrbahn ist die maximal übertragbare Kraft durch den Kraftschlussbeiwert begrenzt, wodurch sich eine obere Grenze für die übertragbare Kraft und die Auslenkung der Borsten ergibt. Im Modell kann dies durch eine Begrenzung der entsprechenden Zustandsvariablen geschehen. Ein entsprechender Ansatz wird beispiels-weise von Zegelaar [43] bei der Untersuchung des Reifenverhaltens bei ABS

Bremsungen verwendet. Die Höhe der Schranke legt er auf den Wert, der der maximalen Umfangskraft zuzuordnen ist.

Wird die Transportgeschwindigkeit für den Bremsfall stattdessen über die Fahrzeuggeschwindigkeit v_F definiert, so folgt für den Zustand des blockierenden Rades ein Stationärwert von $\lambda' = (v_F - v_{th})/v_F = 1$. Eine Begrenzung ist bei dieser Definition für den entsprechenden Zustand nicht nötig. Allerdings hat dies zur Folge, dass das System bei einem stehenden Rad mit $v_{th} = 0$ und einer vorhandenen Differenzgeschwindigkeit von $\Delta v \neq 0$ einen dissipativen Anteil aufweist, da durch $v_F \neq 0$ Borsten die Latschfläche verlassen, bzw. im Fall des PT1-Gliedes Anteile der in der Latschfläche wirkenden Kraft verloren gehen, vgl. Gleichung 5.6. Ein an einem Hang stehendes Fahrzeug würde bei einer externen, periodischen Anregung folglich abgleiten. Dieser Effekt kommt auch bei anderen Modellen zur Modellierung von Stick-Slip Effekten vor und wird in der Literatur als „Positionsdrift" (engl.: position drift) bezeichnet, vgl. [44], [45].

Die beschriebenen Effekte führen bei dem in dieser Arbeit verwendeten Viertelfahrzeugmodell bei einer periodischen Schwingung mit einer Amplitude von 200 N um eine mittlere Hangabtriebskraft von 400 N zu einem Abrutschen des Fahrzeuges von ca. 2,5 mm/min. Im Vergleich hierzu kommt es für den gleichen Zeitraum bei Verwendung der theoretischen Geschwindigkeit als Bezugsgröße zu einem Abrutschen von 0,1 mm. Das Abrutschen des Fahrzeuges liegt in diesem Fall an der vorhandenen numerischen Dämpfung, die bei der Simulation einen kleinen aber dennoch vorhandenen, dissipativen Anteil zur Folge hat.

Die Rate des Abrutschens ist mit 2,5 mm/min sehr gering. Dies gilt insbesondere, da mit Betrachtung der Materialdämpfung im nächsten Abschnitt die Schwingung des Fahrzeuges im Stand, entsprechend der Realität, ein gedämpftes Verhalten zeigt. Dieses hat zur Folge, dass die Schwingung innerhalb weniger Sekunden abklingt und damit auch das Abrutschen vollständig unterbunden wird. Darüber hinaus ist der Positionsdrift ein Phänomen, das sich auch bei realen Systemen beobachten lässt [45]. Untersuchungen dieses Phänomens für einen Reifen konnten jedoch nicht gefunden werden.

Unter Berücksichtigung der bereits in Kapitel 2 dargestellten möglichen Betriebszustände eines Reifens in Umfangsrichtung und den zuvor beschriebenen Randbedingungen kann die Wahl der Bezugsgeschwindigkeit so erfolgen, dass sich für alle Zustände und die Übergänge zwischen diesen eine eindeutig definierte, stetige Beschreibung ergibt.

Für den Stationärwert der Zustandsbeschreibung nach Gleichung 5.17 folgt:

$$\lambda' = \frac{\Delta v}{v_T}$$
Gl. 5.18

Abbildung 5.8 zeigt alle möglichen Betriebszustände eines Fahrzeuges, die sich aus Kombination der Eingangsgrößen v_F und v_{th} ergeben können. Für $v_{th} = v_F$ gilt $\Delta v = 0$ und somit $\lambda' = 0$.

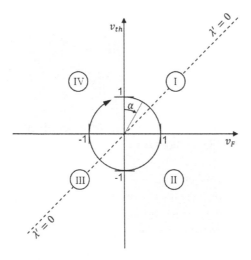

Abbildung 5.8: Darstellung möglicher Kombinationen von v_{th} und v_F. am Beispiel eines Durchlaufs der Quadranten I bis IV auf einem Einheitskreis mit dem Radius 1. Die Definition des Wertepaares $[v_{th}, v_F]$ erfolgt über den Winkel α.

Um die Stetigkeit der Zustandsbeschreibung $\lambda' = \Delta v / v_T$ beim Übergang zwischen den Quadranten I bis IV zu prüfen, wird der komplette Zustandsbereich auf einem Einheitskreis durchlaufen. Abbildung 5.9 zeigt die sich ergebenden stationären Zustandswerte λ' für unterschiedliche Definitionen der Transportgeschwindigkeit v_T. Der Winkel α definiert die jeweilige Position auf dem Einheitskreis.

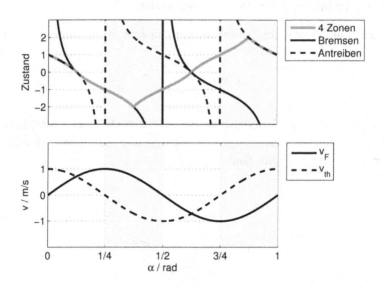

Abbildung 5.9: Stationäre Zustandswerte der unterschiedlichen Zustands-definitionen bei Durchlauf durch den Einheitskreis.

Wird für alle Zustandsbereiche $v_T = v_{th}$ gesetzt, was der klassischen Antriebsschlupfdefinition entspricht, folgt für den Übergang zwischen dem ersten und zweiten sowie zwischen dem dritten und vierten Quadranten ein Systemzustand der gegen Unendlich strebt, vgl. Abbildung 5.9 (Antreiben). Diese Zustandsübergänge entsprechen einem blockierenden Rad mit $v_{th} = 0$. Bei Verwendung der Fahrzeuggeschwindigkeit v_F als Bezugsgröße, vgl. Abbildung 5.9 (Bremsen), treten die Unstetigkeitsstellen zwischen dem zweiten und dritten sowie vierten und ersten Quadranten auf.

Ein harmonischer Übergang zwischen allen Zustandsbereichen kann durch die „4 Zonen Definition", wie sie in der Dissertation von Baumann [9] beschrieben wird, gewährleistet werden. Die Wahl der Transport- bzw. Bezugsgeschwindigkeit erfolgt hierbei entsprechend Gleichung 5.19.

$$v_T = max(|v_F|, |v_{th}|)$$

Gl. 5.19

Die Kurve mit der Bezeichnung „4 Zonen" in Abbildung 5.9 zeigt das stetige Verhalten dieser Definition im gesamten Zustandsbereich.

Übergänge zwischen dem ersten und dritten sowie zweiten und vierten Quadranten können lediglich über die Geschwindigkeitskombination $v_F = v_{th} = 0$ erfolgen. Da für diesen Fall die möglichen Bezugsgeschwindigkeiten identisch sind, entsprechen sich auch die zugehörigen Zustandsbeschreibungen. Somit tritt auch für diesen Fall keine Unstetigkeit in der Zustandsbeschreibung auf. Die dynamische Definition des Zustandes gewährleistet in diesem Bereich die Stabilität des Systems durch die dominierende Wirkung der Differenzgeschwindigkeit auf das Systemverhalten.

Für den zweiten und vierten Quadranten ergibt sich bei der gewählten Zustandsbeschreibung ein Maximalwert für λ' vom Betrag 2. Diese Bereiche entsprechen einem rückwärts drehenden Rad bei gleichzeitiger Vorwärtsbewegung des Fahrzeugaufbaus bzw. einem vorwärts drehendem Rad bei sich rückwärts bewegendem Aufbau. Da diese Zustandsbereiche nur von untergeordneter Relevanz für reale Anwendungen sind, und eine messtechnische Erfassung bei der Identifizierung von Reifenmodellen in den meisten Fällen nicht vorgenommen wird, ist es zweckmäßig, den Zustand in diesen beiden Bereichen mit einem blockierenden Rad bei bewegtem Aufbau bzw. einem durchdrehenden Rad bei ruhendem Aufbau gleichzusetzten. Da diese Einschränkung den jeweiligen Zuständen im Übergang zu den Bereichen entspricht, treten durch die gemachte Annahme keine Einschränkungen hinsichtlich der Stetigkeit der Zustandsbeschreibung auf. Abbildung 5.10 zeigt den Verlauf der finalen Zustandsbeschreibung, die sich in diskreter Form wie folgt beschreiben lässt, vgl. Gleichung 5.17 und 5.19:

Für $sgn(v_F) = sgn(v_{th})$:

$$\lambda'_{t+1} = \lambda'_t + \frac{1}{\sigma} \cdot \Delta v \cdot \Delta t - \frac{1}{\sigma} \cdot max(|v_F|, |v_{th}|) \cdot \lambda'_t \cdot \Delta t$$

Für $v_F > 0 \wedge v_{th} < 0$:

Gl. 5.20

$$\lambda' = -1$$

Für $v_F < 0 \wedge v_{th} > 0$:

$$\lambda' = 1$$

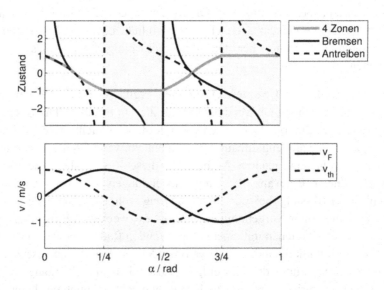

Abbildung 5.10: Zustandsbeschreibung nach der 4 Zonen Definition mit einer Zustandsbegrenzung auf den Wertebereich $[-1,1]$.

Durch die vorgeschlagene Zustandsbeschreibung im Latsch wird ein dynamischer Kraftaufbau beschrieben, der für jeden Zustand und die zugehörigen Zustandsübergange eine plausible und stetige Beschreibung liefert. Die dynamische Zustandsbeschreibung in Form eines PT-1 Verhaltens verhindert hierbei die Zunahme der Systemsteifigkeit im Bereich kleiner Geschwindigkeiten. Für den stationären Zustand geht die Beschreibung in die bekannte Schlupfdefinition nach Gleichung 2.1 bzw. 2.2 über. Für die Extremfälle des rückwärts drehenden Rades bei positiver Fahrzeuggeschwindigkeit und des vorwärts drehenden Rades bei negativer Fahrzeuggeschwindigkeit wird durch eine Begrenzung der Zustandsvariablen auf den Bereich $[-1, 1]$ die Verwendung von messtechnisch ermittelten, stationären Umfangskraftkurven ermöglicht.

5.2 Seitenwandmodell

In Kapitel 5.1 wurde ein Ersatzmodell entwickelt, das das Bürstenmodell auch bei geringen Geschwindigkeiten in guter Näherung abbildet. Für Kombinationen aus Anregungsfrequenz und Geschwindigkeit, die über der entsprechenden Eckfrequenz liegen, geht die Beschreibung in die der herkömmlichen Schlupfdefinition über. Für kleine Geschwindigkeiten nimmt die Dämpfung des Systems kontinuierlich ab und verschwindet bei Stillstand ganz. Dieses Verhalten wird sowohl durch das Bürstenmodell, als auch durch das Ersatzmodell gezeigt. Bei der analytischen Betrachtung weist das Gesamtsystem aus Fahrzeug und Reifen für diesen Fall ein konjugiert komplexes Polstellenpaar auf.

Das ungedämpfte Verhalten der Modelle verdeutlicht, dass sowohl bei der physikalischen Modellierung über das Bürstenmodell, als auch durch das Ersatzmodell wesentliche Eigenschaften des Reifenverhaltens bei geringen Geschwindigkeiten nicht berücksichtigt werden.

Im Gegensatz zum realen Reifen findet bei den verwendeten Modellen die durch die viskoelastischen Materialeigenschaften hervorgerufene Dissipation innerhalb der Reifenstruktur keine Berücksichtigung. Bei geringen Geschwindigkeiten und verschwindender kinematischer Dämpfung gewinnt diese Eigenschaft jedoch zunehmend an Bedeutung, weshalb sie für eine realistische Nachbildung des Reifenverhaltens bei geringen Geschwindigkeiten nicht vernachlässigt werden kann [24], [46], [47].

Desweiteren führt die Beschränkung der Modelle auf die ausschließliche Betrachtung der Latschfläche dazu, dass Einflüsse der Seitenwandverformung auf die kinematischen Größen im Latsch vernachlässigt werden. Diese Beschränkung hat zur Folge, dass der dynamische Kraftaufbau einzig durch die Länge des Latsches bestimmt wird.

Durch die Erweiterung des Ersatzmodells um eine Seitenwand können die beiden genannten Aspekte berücksichtigt werden. Die Modellierung erfolgt aufgrund der physikalischen Anschaulichkeit und zur Minimierung des Aufwandes bei der Parametrierung über ein phänomenologisches Modell aus linearen Feder- und viskosen Dämpferelementen.

An das entsprechende Modell werden mehrere Anforderungen gestellt. Neben einer realistischen Abbildung des Einlauf- und Dämpfungsverhaltens des Reifens soll die Erweiterung keinen Einfluss auf das stationäre Verhalten des Reifens haben, sondern lediglich das dynamische Verhalten beeinflussen. Hierdurch wird gewährleistet, dass für das ergänzende Kraftmodell stationär ermittelte Kennlinien verwendet werden können ohne eine Beeinflussung durch die anderen Modellteile zu erhalten.

In der Literatur sind verschiedene Ansätze zur Abbildung der dynamischen Reifeneigenschaften über phänomenologische Modelle zu finden, vgl. [20], [33], [48]. Für einfache Abbildungen der Reifenelastizität bei Anwendungen in der Vertikaldynamik ist es oftmals ausreichend, die Reifenstruktur durch eine lineare Feder anzunähern. Für die Modellierung des viskosen Materialverhaltens ist eine Ergänzung um dissipative Elemente erforderlich. Gängige Ansätze sind die Parallelschaltung einer Feder und eines Dämpfers zu einem sogenannten Kelvin-Voigt-Element oder die Erweiterung auf 3-Parameter-Modelle wie das Standardelement. Beide Elemente sind in Abbildung 5.11 dargestellt.

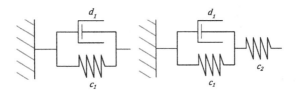

Abbildung 5.11: links: Kelvin-Voigt Element
rechts: Standardelement

Im Folgenden soll der Einfluss entsprechender Erweiterungen auf das Gesamtsystemverhalten des PT1-Ersatzmodells untersucht werden. Die Ansätze folgen der Annahme, dass die im Latsch vorliegende Kraft eine Verformung der Reifenkarkasse der Größe x_s bewirkt, deren zeitliche Ableitung die effektive Differenzgeschwindigkeit im Latsch v_L beeinflusst. Abbildung 5.12 zeigt das Schema des Modellierungsansatzes.

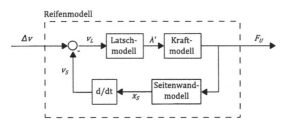

Abbildung 5.12: Kombination von Latsch- und Seitenwandmodell.

Der Einfluss der elastischen Verformung der Reifenkarkasse auf das dynamische Reifenverhalten kann beispielsweise [1] oder [49] entnommen werden. Die in der Karkasse wirkende Kraft steht hierbei stets im Gleichgewicht mit der in der Latschfläche wirkenden Kraft. Sie entspricht bei einer Seitenwandsteifigkeit c_s und einer Verformung der Seitenwand um die Strecke x_s:

$$F = c_s \cdot x_s \qquad \text{Gl. 5.21}$$

Die Kraft im Latsch resultiert aus der im vorherigen Abschnitt beschriebenen Zustandsdefinition. Unter der Annahme eines linearen Zusammenhangs zwischen dem Zustand des Latschmodells und der im Latsch wirkenden Kraft F_U über die Schlupfsteifigkeit $c_{\lambda'}$ kann die Übertragungsfunktion des Gesamtsystems „Reifenmodell" aus den einzelnen Übertragungsfunktionen der Teilsysteme berechnet werden, vgl. Abbildung 5.12. Mit den Übertragungsfunktionen der Teilsysteme

$$G_{Latsch} = \frac{\frac{1}{v_T}}{\frac{L}{2 \cdot v_T} \cdot S + 1} \qquad \text{Gl. 5.22}$$

$$G_{Kraft} = c_{\lambda'} \qquad \text{Gl. 5.23}$$

$$G_{Seitenwand} = \frac{1}{c_S} \qquad \text{Gl. 5.24}$$

$$G_{d/dt} = S \qquad \text{Gl. 5.25}$$

ergibt sich die Übertragungsfunktion des Gesamtsystems zu:

$$G_{Reifen} = \frac{G_{Latsch} \cdot G_{Kraft}}{1 + G_{Latsch} \cdot G_{Kraft} \cdot G_{Seitenwand} \cdot G_{d/dt}} \qquad \text{Gl. 5.26}$$

$$G_{Reifen} = c_{\lambda'} \cdot \frac{\frac{1}{v_T}}{\left(\frac{L}{2 \cdot v_T} + \frac{c_{\lambda'}}{c_S \cdot v_T}\right) \cdot S + 1} \qquad \text{Gl. 5.27}$$

Gleichung 5.27 zeigt, dass die zusätzliche Seitenwandfeder zu einer Änderung der Einlauflänge führt. Die kombinierte Einlauflänge setzt sich aus der Einlauflänge des Latsches σ_L und der durch die Seitenwand hervorgerufenen Einlauflänge σ_S zusammen.

$$\sigma_{ges} = \sigma_L + \sigma_S = \frac{L}{2} + \frac{c_{\lambda'}}{c_S} \qquad \text{Gl. 5.28}$$

Die durch die Seitenwand hervorgerufene Einlauflänge entspricht der Einlauflängendefinition nach Rill [17], [49]. Sie ergibt realistische Einlauflängen, die nicht auf die Latschlänge begrenzt sind. Negative Einlauflängen, die im fallenden Bereich der Umfangskraft-Schlupfkurve nach dem Maximum mit $c_{\lambda'} < 0$ entstehen können, sollten jedoch durch eine Begrenzung der Größe vermieden werden. Die Auswirkungen der Einlauflänge auf die Simulation werden im Folgenden näher betrachtet.

Die Vergrößerung der Einlauflänge hat eine Verschiebung der Eckfrequenz zu höheren Anregungsfrequenzen bzw. geringeren Geschwindigkeiten zur Folge, vgl. Abbildung 4.12. Das Schwingungs- und Dämpfungsverhalten des massebehafteten Systems ändert sich.

Mit der eingeführten Definition des dynamischen Schlupfes λ' und der Einlauflänge σ_{ges} ergibt sich für das Gesamtsystem des Viertelfahrzeuges die Zustandsraumbeschreibung nach Gleichung 5.29.

$$\begin{pmatrix} \dot{\lambda}' \\ \dot{\omega} \end{pmatrix} = \begin{pmatrix} -\dfrac{v_T}{\sigma_{ges}} & -\dfrac{r_{dyn}}{\sigma_{ges}} \\ \dfrac{c_{\lambda'} \cdot r_{dyn}}{J_R} & 0 \end{pmatrix} \cdot \begin{pmatrix} \lambda' \\ \omega \end{pmatrix} + \begin{pmatrix} \dfrac{v_T}{\sigma_{ges}} \\ -\dfrac{M}{J_R} \end{pmatrix} \qquad \text{Gl. 5.29}$$

Die aus der charakteristischen Gleichung folgenden Eigenwerte λ_e des Systems lauten:

$$\lambda_{e_{1,2}} = -\frac{v_T}{2 \cdot \sigma_{ges}} \pm \frac{v_T}{2 \cdot \sigma_{ges}} \cdot \sqrt{1 - \frac{4 \cdot \sigma_{ges} \cdot r_{dyn}^2 \cdot c_{\lambda'}}{v_T^2 \cdot J_R}} \qquad \text{Gl. 5.30}$$

Der Einfluss der Vergrößerung der Einlauflänge durch das Seitenwandmodell von $\sigma_L = L/2$ auf $\sigma_{ges} = L/2 + c_{\lambda'}/c_S$ auf das Schwingungsverhalten des Gesamtsystem ist in Form eines Polstellendiagramms in Abbildung 5.13 dargestellt.

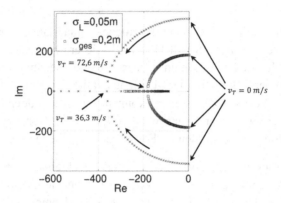

Abbildung 5.13: Änderung der Eigenwerte des Viertelfahrzeugmodells bei Variation der Geschwindigkeit von 0 − 80 m/s für zwei verschiedene Einlauflängen.

Mit größer werdender Einlauflänge bleibt das System auch bei höheren Geschwindigkeiten schwingungsfähig, was sich im Vorhandensein eines Imaginäranteils der jeweiligen Eigenwerte zeigt. Ein überkritisch gedämpftes Systemverhalten stellt sich mit den gewählten physikalischen Größen erst für Geschwindigkeiten von $v_T > 72,6\ m/s$ ein. Unverändert ist das ungedämpft schwingende Verhalten bei $v_T = 0\ m/s$. Der kleinere Imaginärteil der Polstellen bei größerer Einlauflänge zeigt die kleinere Frequenz der periodischen Schwingung [50].

Um das ungedämpfte Verhalten bei $v_T = 0$ dem realen Reifenverhalten entsprechend zu verändern wird das Seitenwandmodell um einen dissipativen Anteil ergänzt. Dieser wird beim realen Reifen durch das viskoelastische Verhalten des Reifengummis hervorgerufen [3]. Für die Modellierung dieses Verhaltens werden in der Literatur unterschiedliche Ansätze aus Verknüpfungen von teils nichtlinearen Feder- und Dämpferelementen verwendet [22], [24]. Aus den bereits zu Beginn des Kapitels ange-sprochenen Anforderungen an das Modell, eine einfache und physikalisch nachvollziehbare Parametrierung sicherzustellen, werden in dieser Arbeit drei Ansätze betrachtet, die die Komplexität des Modells in einem akzeptablen Rahmen halten. Die Ansätze werden hinsichtlich ihres Verhaltens mit in der Literatur zu findenden Aussagen bezüglich der Dämpfungs- und Schwingungseigenschaften des rollenden Reifens verglichen. Aus den Ergebnissen wird schließlich ein Dämpfungsansatz für das Reifenmodell abgeleitet.

An die Dämpfung sind hierbei zwei wesentliche Anforderungen zu stellen. Zum einen soll sie lediglich die dynamische Zustandsänderung des bisherigen Modells beeinflussen, nicht aber dessen stationären Endwert. Zudem ist eine signifikante Änderung der Einlauflänge σ_{ges}, die einen unabhängigen Parameter des Modells darstellen soll, zu verhindern.

Die Forderung nach einer Dämpfung der Zustandsänderung bedingt die Einbringung der Dämpfung parallel zu der den inneren Zustand des Modells widerspiegelnden Feder im phänomenologischen Modell, vgl. Abbildung 5.14.

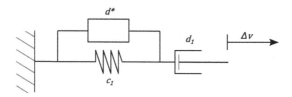

Abbildung 5.14: Latschmodell mit Dämpfung des Systemzustandes.

Die allgemeine Dämpfung d^* kann durch unterschiedliche Ansätze realisiert werden. Betrachtet wird die Einbindung eines viskosen Dämpfers d_2, der in Kombination mit der Feder c_1 ein, dem geschwindigkeitsabhängigen Dämpfer d_1 in Reihe geschaltetes, Kelvin-Voigt Element darstellt, sowie die zusätzliche Dämpfung durch ein Maxwell-Element aus einer Feder c_2 und einem Dämpfer d_2, das in Kombination mit der parallelen Feder c_1 auch als Standardelement bezeichnet wird. Beide Elemente werden in der Simulation verwendet, um das viskoelastische Verhalten von Gummi zu beschreiben [51], [52], [53].

Abbildung 5.15 zeigt die sich ergebenden Gesamtmodelle aus Reifenlatsch und Seitenwand.

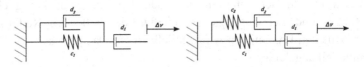

Abbildung 5.15: links: Ergänzung des Modells um einen Dämpfer zu
einem Lethersich-Körper.

rechts: Ergänzung des Modells um ein Maxwell-Element
zu einem 4-Parameterkörper.

Die resultierenden Gesamtmodelle sind in der Literatur als Lethersich-Körper und 4-Parameterkörper bekannt. Wird die Geschwindigkeit zu Null, reduzieren sich die beiden Modelle auf ein Kelvin-Voigt bzw. ein Standardelement und sorgen so für die Dämpfung des Reifens bei Stillstand.

Eine weitere Möglichkeit der Systemdämpfung leitet sich aus dem numerischen Berechnungsvorgang ab. Hierbei wird der Systemausgang des Grundmodells ohne Seitenwanddämpfung proportional zu seiner zeitlichen Änderung bedämpft, vgl. Abbildung 5.16.

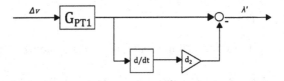

Abbildung 5.16: System mit nachgeschalteter Dämpfungskomponente.

Im Folgenden wird untersucht wie die Erweiterungen des Latschmodells das geschwindigkeitsabhängige Verhalten des Gesamtsystems beeinflussen. Entsprechend dem Vorgehen bei der Einführung der Seitenwandsteifigkeit wird zunächst das Gesamtsystem aufgestellt, vgl. Abbildung 5.17.

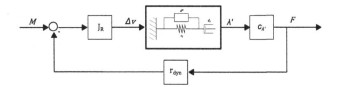

Abbildung 5.17: Gesamtsystem mit Seitenwanddämpfung.

Die Übertragungsfunktionen der beiden phänomenologischen Gesamtsysteme sind in Gleichung 5.31 und 5.32 dargestellt.

$$G_{Leth} = \frac{\sigma_{ges} \cdot d_2 \cdot S + 1}{\left(\frac{J_R \cdot \sigma_{ges}}{r_{dyn}^2 \cdot c_\lambda} + \frac{J_R \cdot \sigma_{ges}}{r_{dyn}^2 \cdot c_\lambda} \cdot v_T \cdot d_2 \right) \cdot S^2 + \left(\frac{J_R \cdot v_T}{r_{dyn}^2 \cdot c_\lambda} + d_2 \cdot \sigma_{ges} \right) \cdot S + 1} \qquad \text{Gl. 5.31}$$

$$G_{4Par} = \frac{\left(\sigma_{ges} \cdot d_2 + \frac{d_2}{c_2} \right) \cdot S + 1}{\frac{J_R \cdot \sigma_{ges} \cdot d_2}{r_{dyn}^2 \cdot c_\lambda \cdot c_2} \cdot S^3 + \left(\frac{J_R \cdot \sigma_{ges}}{r_{dyn}^2 \cdot c_\lambda} + \frac{J_R \cdot \sigma_{ges}}{r_{dyn}^2 \cdot c_\lambda} \cdot v_T \cdot d_2 + \frac{J_R \cdot v_T \cdot d_2}{r_{dyn}^2 \cdot c_\lambda \cdot c_2} \right) \cdot S^2 + A \cdot S + 1} \qquad \text{Gl. 5.32}$$

mit

$$A = \frac{J_R \cdot v_T}{r_{dyn}^2 \cdot c_\lambda} + d_2 \cdot \sigma_{ges} + \frac{d_2}{c_2} \qquad \text{Gl. 5.33}$$

Durch die zusätzliche Feder im Fall der Dämpfung über das Maxwellelement im 4-Parameterkörper erhält das Gesamtsystem einen zusätzlichen Energiespeicher, der den Grad des Systems um eins erhöht. Für die Systemdämpfung über den Systemausgang nach Abbildung 5.16, die nach-folgend mit ZSD für „Zusätzliche Systemdämpfung" abgekürzt wird, ergibt sich eine Übertragungsfunktion nach Gleichung 5.34.

$$G_{ZSD} = \frac{\frac{d_2}{c_\lambda} \cdot S + 1}{\frac{J_R \cdot \sigma_{ges}}{r_{dyn}^2 \cdot c_\lambda} \cdot S^2 + \left(\frac{J_R \cdot v_T}{r_{dyn}^2 \cdot c_\lambda} + d_2 \right) \cdot S + 1} \qquad \text{Gl. 5.34}$$

Das System ohne zusätzliche Dämpfung, das im Folgenden als „Basis-modell" bezeichnet wird, ist ebenso wie das Lethersich-System, das die Dämpfung über die einfache Parallelschaltung eines Dämpfers realisiert und das ZSD-System mit Differenzierglied am Systemausgang ein System zweiter Ordnung. Ihre Dämpfung kann durch Koeffizientenvergleich aus der allgemeinen charakteristischen Gleichung eines Systems zweiter Ordnung abgeleitet werden. Die allgemeine Form der Gleichung mit der Zeit-konstanten T und der Dämpfung D lautet:

$$T^2 \cdot S^2 + 2 \cdot D \cdot T \cdot S + 1 \qquad \text{Gl. 5.35}$$

Die Dämpfung der drei Systeme ergibt sich somit zu:

$$D_{Basismodell} = \frac{v_T}{2} \cdot \sqrt{\frac{J_R}{r_{dyn}^2 \cdot c_\lambda \cdot \sigma_{ges}}} \qquad \text{Gl. 5.36}$$

$$D_{Leth} = \frac{v_T}{2} \cdot \sqrt{\frac{J_R}{r_{dyn}^2 \cdot c_\lambda \cdot \sigma_{ges}}} \cdot \sqrt{\frac{1}{1 + v_T \cdot d_2}} + \frac{d_2}{2}$$
$$\cdot \sqrt{\frac{r_{dyn}^2 \cdot c_\lambda \cdot \sigma_{ges}}{J_R}} \cdot \sqrt{\frac{1}{1 + v_T \cdot d_2}} \qquad \text{Gl. 5.37}$$

$$D_{ZSD} = \frac{v_T}{2} \cdot \sqrt{\frac{J_R}{r_{dyn}^2 \cdot c_\lambda \cdot \sigma_{ges}}} + \frac{d_2}{2} \cdot \frac{1}{\sqrt{\frac{J_R \cdot \sigma_{ges}}{r_{dyn}^2 \cdot c_\lambda}}} \qquad \text{Gl. 5.38}$$

Für das Basismodell nach Gleichung 5.36 besteht ein linearer Zusammen-hang zwischen der Transportgeschwindigkeit v_T und der Dämpfung des Systems, die bei einer Geschwindigkeit von null ebenfalls zu null wird. Die

Parallelschaltung des Dämpfers zum Lethersich-Körper führt zu einer Dämpfung bei $v_T = 0$ der Größe:

$$D_{Leth}(v_T = 0) = \frac{d_2}{2} \cdot \sqrt{\frac{r_{dyn}^2 \cdot c_\lambda \cdot \sigma_{ges}}{J_R}} \qquad \text{Gl. 5.39}$$

Der Verlauf der Dämpfung über der Geschwindigkeit hat einen nichtlinearen Charakter. Für das System mit nachgeschaltetem Differenzierglied ergibt sich eine Dämpfung bei $v_T = 0$ von:

$$D_{ZSD}(v_T = 0) = \frac{d_2}{2} \cdot \frac{1}{\sqrt{\dfrac{J_R \cdot \sigma_{ges}}{r_{dyn}^2 \cdot c_\lambda}}} \qquad \text{Gl. 5.40}$$

Der Verlauf über der Geschwindigkeit entspricht dem des Basismodells. Somit stellt der Dämpfungsverlauf eine Parallelverschiebung zum Basismodell dar. Abbildung 5.18 zeigt den Einfluss der Geschwindigkeit auf die beschriebenen Modelle zweiter Ordnung. Der Parameter d_2 der Modelle wurde für die Darstellung so gewählt, dass sich im Stillstand eine Dämpfung von $D = 0{,}1$ ergibt.

Das 4-Parameter-Modell stellt ein System dritter Ordnung dar. Für Systeme dieser Art kann keine gesamtheitliche Dämpfungsgröße angegeben werden. Das beschriebene System verfügt über 3 Polstellen, von denen eine reell ist. Die anderen Polstellen können je nach Wahl der Parameter – insbesondere der Geschwindigkeit – reell oder konjugiert komplex auftreten. Eine Approximation durch ein System zweiter Ordnung ist möglich, wenn das System ein dominierendes Polpaar besitzt. Dies ist der Fall, wenn die konjugiert komplexe Polstelle deutlich näher an der Imaginärachse im Pol-Nullstellendiagramm liegt als die verbleibende reelle Polstelle. Aus der Betrachtung der Übertragungsfunktion des Systems kann eine vernachlässigbar geringe Beeinflussung der Systemeigenschaften ab einer Entfernung der reellen Polstelle von der Imaginärachse, die dem dreifachen der des komplexen Polpaares entspricht, bestimmt werden.

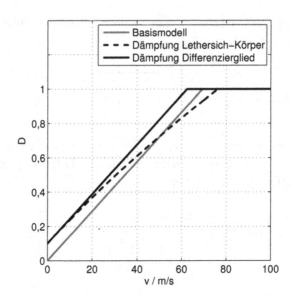

Abbildung 5.18: Dämpfung D der Systeme zweiter Ordnung im Vergleich zum Basismodell in Abhängigkeit von der Geschwindigkeit.

Abbildung 5.19 zeigt die aus dem konjugiert komplexen Polpaar berechnete Dämpfung des Systems. Für den Bereich, in dem dieses als dominant bewertet wird, ist die Linie durchgängig gezeichnet. Im gestrichelten Bereich ist sie nicht dominant, sodass der Wert nicht für die Bewertung der Systemdämpfung herangezogen werden kann.

Die Größe und der Verlauf der Dämpfung wird durch die beiden Parameter d_2 und c_2 des Systems bestimmt. Das Systemverhalten reagiert dabei sehr sensitiv auf Veränderungen der beiden Parameter.

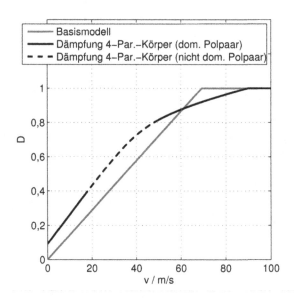

Abbildung 5.19: Relative Dämpfung des 4-Parameter-Modells im Vergleich zum Basismodell in Abhängigkeit von der Geschwindigkeit.

Anhand der Dämpfungseigenschaften über der Geschwindigkeit können die verschiedenen Ansätze abschließend bewertet werden. Die Systemdämpfung über das Differenzierglied zeigt ein klares und einfach zu interpretierendes Verhalten, das mit nur einem Parameter beschrieben werden kann. Das Absinken der Dämpfung unter den Wert des Basismodells im Fall des Lethersich-Modells erscheint hingegen für einen Reifen als physikalisch nicht nachvollziehbar. Für die Anwendung in einem Reifenmodell stellt die Nachvollziehbarkeit bei der Modellparametrierung einen wesentlichen Vorteil dar. Darüber hinaus wird die Zeitkonstante und damit die Einlauflänge des Reifenmodells nur bei der Variante mit der Dämpfung über das Differenzierglied nicht gegenüber dem Basismodell beeinflusst, vgl. Gleichung 5.34. Soll dennoch eine geschwindigkeitsabhängige Änderung der Dämpfung realisiert werden, so kann dies über eine Geschwindigkeitsabhängigkeit des Dämpfungsparameters d_2 erfolgen. Das 4-Parameter-Modell zeigt dasselbe degressive Verhalten der Dämpfung wie es beim

Lethersich-Modell der Fall ist. Zudem können sich bei diesem Modellansatz durch die starke Wechselwirkung des Gesamtsystemverhaltens mit den Modellparametern Probleme bei der Parametrierung ergeben.

Auf Basis der gemachten Betrachtungen ist die Einführung einer Materialdämpfung über das Differenzierglied zu bevorzugen. Um ein harmonisches Verhalten des Gesamtsystems, auch bei externer Anregung, sicherzustellen, werden die Betrachtungen auf das Verhalten des Systems bei unterschiedlichen Anregungsfrequenzen erweitert.

Im Frequenzbereich zeigt das Modell mit Differenzierglied (D-Glied) eine stärkere Dämpfung bei kleinen Geschwindigkeiten. Abbildung 5.20 und Abbildung 5.21 zeigen die Frequenzgänge des Systems bei $v_T = 1\,m/s$ und bei $v_T = 30\,m/s$.

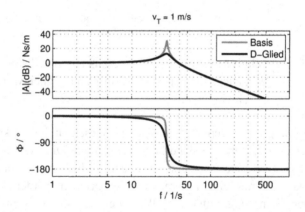

Abbildung 5.20: Vergleich der Frequenzgänge des Basismodells und des Modells mit nachgeschaltetem Differenzierglied bei $v_T = 1\,m/s$.

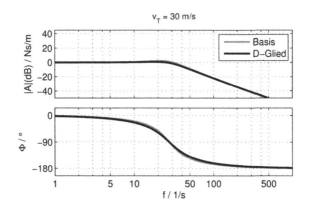

Abbildung 5.21: Vergleich der Frequenzgänge des Basismodells und des Modells mit nachgeschaltetem Differenzierglied bei $v_T = 30 \, m/s$.

Der Phasenübergang im Bereich der Eckfrequenz wird im Vergleich zum Basismodell weicher. Bei hohen Geschwindigkeiten wird das Systemverhalten hingegen durch die kinematische Dämpfung bestimmt. Das Differenzierglied hat hier nur noch einen geringen Einfluss. Das grundlegende Verhalten des Systems ohne Materialdämpfung wird nicht verändert.

Mit den durchgeführten Untersuchungen hinsichtlich des Seitenwandeinflusses auf die Einlauflänge und das Dämpfungsverhalten konnte das aus dem Bürstenmodell abgeleitete Zustandsmodell dahingehend ergänzt werden, dass das Reifenmodell ein realistisches Einlauf- und Dämpfungsverhalten über den gesamten relevanten Geschwindigkeitsbereich bis hin zum Stillstand zeigt.

Bisher basierten die Untersuchungen am Viertelfahrzeug auf der Annahme eines linearen Zusammenhangs zwischen dem Zustand des Reifens, der durch das abgeleitete Ersatzmodell beschrieben wird, und der diesem Zustand zugeordneten Kraft. Im nächsten Abschnitt wird das Reifenmodell durch ein nichtlineares Kraftmodell vervollständigt und dessen Einfluss auf das Gesamtsystemverhalten betrachtet.

5.3 Kraftmodell

In den bisherigen Betrachtungen galt die Annahme eines linearen Zusammenhangs zwischen dem Zustand des Systems λ' und der zugehörigen Kraft über die Schlupfsteifigkeit c_λ. Für den Bereich kleiner Schlupfwerte ist diese Annahme zulässig, da die Vorgänge im Reifenlatsch weitgehend durch die Deformation der Profilelemente und der Seitenwand bestimmt werden. Für größere Schlupfwerte kommt es in der Latschfläche vermehrt zum Gleiten der Profilelemente, da diese ihre maximal mögliche Verformung erreichen, vgl. Kapitel 3. Abbildung 5.22 zeigt den Anteil des Deformations- am Gesamtschlupf eines Reifens nach Kummer und Meyer [13].

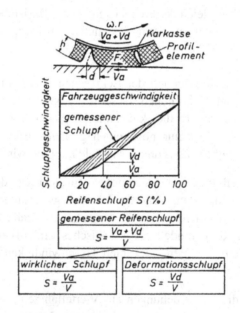

Abbildung 5.22: Aufteilung des Gesamtschlupfes in einen Deformations- und einen Gleitanteil nach [13].

Die Gleitreibung von Gummi weist im Gegensatz zur Coulombschen Reibung stark nichtlineare Abhängigkeiten vom Kontaktdruck, der Temperatur und der Gleitgeschwindigkeit der Reibpartner auf. Zur detaillierten

Erläuterung dieser Zusammenhänge wird hier auf entsprechende Literatur verwiesen [6], [54], [55].

Die sich mit dem Schlupf verändernden Gleitanteile im Reifenlatsch und die genannten nichtlinearen Abhängigkeiten führen zu einer nichtlinearen Abhängigkeit der am Reifen auftretenden Umfangskraft von der Zustandsgröße Schlupf. Dieser Zusammenhang kann durch mathematisch, empirische Reifenmodelle wie die Magic-Formula oder dem FKFS-Tire abgebildet werden, vgl. [1], [56]. Abbildung 5.23 zeigt beispielhaft den Verlauf des Magic-Formula Reifenmodells.

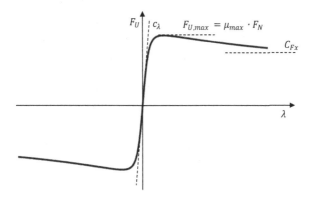

Abbildung 5.23: Umfangskraftverhalten eines Reifens nach der Magic-Formula mit charakteristischen Kenngrößen.

Der Verlauf der Umfangskraft über dem Schlupf weist nach dem linearen Verlauf im Bereich kleiner Schlupfwerte ein Maximum auf, das sich bei Pkw-Reifen üblicherweise im Bereich von 5 – 15% Schlupf befindet. Nach dem Maximum wird der Kraftaufbau durch die ausgeprägten Gleitbereiche im Latsch bestimmt. Bei 100% Schlupf liegt reines Gleiten vor und die Kraft entspricht dem Gleitreibungswert zwischen Reifen und Fahrbahnoberfläche.

Diese hohen Schlupfwerte, bis hin zum Blockieren des Rades, treten auch im Bereich kleiner Fahrzeuggeschwindigkeiten auf. Als Beispiel können hier eine Blockierbremsung bis zum Stillstand oder das Abrutschen eines Fahrzeuges an einer Steigung genannt werden. Insbesondere beim Anfahren kann es bei frontangetriebenen Fahrzeugen mit geringer Vorderachslast zu hohen Schlupfwerten bis zum Durchdrehen der Räder kommen. Daher sollte das Reifenmodell in der Lage sein, auch diese Zustände möglichst realitätsnah abzubilden.

Durch die Abhängigkeit der Gummireibung von der Gleitgeschwindigkeit zwischen Reifen und Fahrbahn weist auch die Umfangskraft-Schlupfkurve, insbesondere im Bereich großer Schlupfwerte, eine Abhängigkeit von der Geschwindigkeit auf. Nach [3] steigt der Reibkraftbeiwert zwischen Gummi und Fahrbahn für Gleitgeschwindigkeiten zwischen 0 und 0,4 m/s zunächst an, fällt bei einer weiteren Erhöhung der Gleitgeschwindigkeiten aber kontinuierlich ab. Bei den meisten Anwendungsfällen im Bereich der Fahrdynamik liegen Gleitgeschwindigkeiten vor, die größer als 0,4 m/s sind und es kann von einem mit der Geschwindigkeit fallenden Reibkraftbeiwert ausgegangen werden. Entsprechende Einflüsse finden sich in Messungen von [12] bzw. [14] und konnten durch eigene Messungen bestätigt werden. Die Zunahme des Gleitreibbeiwertes mit sinkender Gleitgeschwindigkeit führt am Reifen zu einer Zunahme der übertragbaren Kräfte im Bereich hoher Schlupfwerte. Abbildung 5.24 zeigt qualitativ die Ergebnisse der durchgeführten Messungen zwischen 1 m/s und 13,8 m/s.

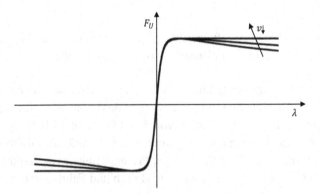

Abbildung 5.24: Einfluss der Geschwindigkeit auf das stationäre Umfangskraftverhalten eines Reifens.

J. de Hoogh integriert den dargestellten Geschwindigkeitseinfluss über einen mathematischen Ansatz in das Reifenmodell Magic-Formula [15]. Sein Ansatz besteht aus einer linearen Zunahme des maximalen Kraftschlussbeiwertes $\mu_{max} = F_{U,max}/F_N$ mit sinkender Geschwindigkeit V_c

$$\Delta\mu_{max} = p_{Vx4} \cdot dV_C \qquad \text{Gl. 5.41}$$

und einem quadratischen Einfluss auf den asymptotischen Grenzwert C_{Fx} der Kraftschlussfunktion, vgl. Abbildung 5.23.

$$\Delta C_{Fx} = p_{Vx6} \cdot dV_C^2 \qquad \text{Gl. 5.42}$$

Die Parameter p_{Vx4} und p_{Vx6} der Gleichungen werden aus Messungen bestimmt.

Bei sehr kleinen Geschwindigkeiten weist das Umfangskraftverhalten kein ausgeprägtes Maximum mehr auf. Der Kraftschlussbeiwert bleibt für hohe Schlupfwerte nahezu konstant oder steigt sogar leicht an.

Das entsprechende nichtlineare Kraftmodell ersetzt im Gesamtreifenmodell den konstanten Faktor c_λ. Es ergibt sich ein Flussbild nach Abbildung 5.25.

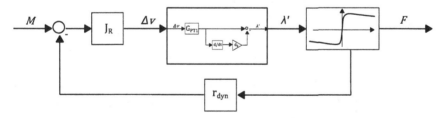

Abbildung 5.25: Gesamtsystem aus Zustandsbeschreibung, Seitenwandmodell und nichtlinearem Kraftmodell.

Die dynamische Zustandsgröße λ' bildet weiterhin den Eingang des Kraftmodells. Damit sich für den stationären Fall die richtigen Kraftwerte ergeben, muss darauf geachtet werden, dass das Kraftmodell über diejenige

Schlupfdefinition beschrieben wird, die dem stationären Endwert des dynamischen Schlupfes λ' entspricht, vgl. Gleichung 5.18.

Durch die nichtlineare Kraftbeschreibung kann das System nicht mehr mit den Mitteln der linearen Systemtheorie bewertet werden, wie es bisher der Fall war. Für kleine Abweichungen um einen Arbeitspunkt kann jedoch durch Linearisierung eine Aussage über das Systemverhalten abgeleitet werden [37]. Eine Linearisierung der Umfangskraft-Schlupf-Kurve um den Punkt $\bar{\lambda}$ führt auf eine Beschreibung der Umfangskraft nach Gleichung 5.43.

$$F_U = c_{\bar{\lambda}} \cdot \lambda + F_0 \qquad\qquad \text{Gl. 5.43}$$

Da der Term F_0 lediglich einen Offset darstellt, und nicht das Systemverhalten selbst beeinflusst, kann für die Beschreibung des Systems das charakteristische Polynom aus der Übertragungsfunktion nach Gleichung 5.34 bestimmt werden. Es ergeben sich die folgenden Eigenwerte $\lambda_{e_{1,2}}$, vgl. Anhang A.2.

$$\lambda_{e_{1,2}} = -\frac{1}{2} \cdot \left(\frac{v_T}{\sigma_{ges}} + \frac{r_{dyn}^2 \cdot c_{\bar{\lambda}} \cdot d_2}{J_R \cdot \sigma_{ges}} \right) \pm \frac{1}{2} \cdot \left(\frac{v_T}{\sigma_{ges}} + \frac{r_{dyn}^2 \cdot c_{\bar{\lambda}} \cdot d_2}{J_R \cdot \sigma_{ges}} \right)$$

$$\cdot \sqrt{1 - \left(\frac{4 \cdot \sigma_{ges} \cdot r_{dyn}^2 \cdot c_{\bar{\lambda}}}{v_T^2 \cdot J_R} + \frac{4 \cdot J_R \cdot \sigma_{ges}}{r_{dyn}^2 \cdot c_{\bar{\lambda}} \cdot d_2^2} \right)} \qquad \text{Gl. 5.44}$$

Wie in Kapitel 5.1 zeigt sich eine Abhängigkeit des Systemverhaltens von der Geschwindigkeit v_T. Der Parameter $c_{\bar{\lambda}}$ ist nun jedoch vom aktuellen Arbeitspunkt abhängig und nimmt im fallenden Teil der Umfangskraft-Schlupf-Kurve negative Werte an. Dies hat zur Folge, dass der Term unter der Wurzel Werte größer eins annimmt. Das System weist für diesen Fall Eigenwerte mit einem positiven Realteil auf, der auf ein instabiles Verhalten des Systems hinweist [37]. Für das System bedeutet dies, dass sich im Schlupfbereich nach dem Maximum kein Gleichgewichtszustand ausbildet. Erst das vollständig blockierte Rad stellt einen erneuten Gleichgewichts-zustand dar.

Für den Bereich positiver Schlupfsteifigkeit zeigt sich, wie bei den Betrachtungen mit konstantem Parameter c_λ, ein asymptotisches Verhalten der Umfangskraft, das in Abhängigkeit von der Geschwindigkeit v_T, der Einlauflänge σ_{ges} und der Dämpfung d_2 überkritisch gedämpft sein kann.

Im linearen Bereich der Umfangskraft-Schlupf Kurve entspricht das Verhalten des Systems dem der bisherigen Untersuchungen. Die sinkende Schlupfsteifigkeit im Bereich des Maximums hat einen Einfluss auf die Definition der Einlauflänge nach Gleichung 5.28. Mit sinkender Schlupfsteifigkeit sinkt auch der aus der Seitenwand hervorgehende Teil der Einlauflänge. Im Maximum der Umfangskraft-Schlupf-Kurve, in dem $c_\lambda = 0$ gilt, reduziert sich die Einlauflänge des Modells auf die halbe Latschlänge $L/2$. Ein weiterer Abfall der Einlauflänge sollte durch eine Begrenzung vermieden werden, da die Systemsteifigkeit mit sinkender Einlauflänge steigt, was numerische Probleme, wie sie bei der herkömmlichen Schlupfdefinition auftreten, zur Folge hätte.

Mit dem in diesem Kapitel entwickelten Modell aus Zustandsbeschreibung, Seitenwand- und Kraftmodell kann das Reifenverhalten bis hin zum Stillstand und bei großen Schlupfwerten realistisch abgebildet werden. Die Zustandsbeschreibung erlaubt eine vollständige Abbildung aller im Rahmen einer Fahrdynamiksimulation möglichen Zustände. Durch die Einführung des Seitenwandmodells wird gewährleistet, dass das Modell realistische Einlauflängen aufweist und bei kleinen Geschwindigkeiten die Material-dämpfung für eine abklingende Schwingung des Gesamtsystems sorgt. Für den Bereich hoher Schlupfwerte wurde durch die Integration eines nichtlinearen Kraftschlussverhaltens über eine mathematische, empirische Funktion schließlich das instabile Verhalten eines Reifens nach dem Überschreiten des Kraftschlussmaximums berücksichtigt.

6 Anwendung des entwickelten Reifenmodells

Die Funktionsweise und Anwendbarkeit im Rahmen der Echtzeitsimulation des in dieser Arbeit entwickelten Reifenmodells wird im Folgenden durch Simulationsrechnungen belegt. Hierzu wird das Reifenmodell mit seinen Teilmodellen für die Zustandsbeschreibung, das Seitenwandmodell und das Kraftmodell in ein Gesamtfahrzeugmodell integriert.

Der Abstraktionsgrad des Fahrzeugmodells wird bei diesen Simulationsrechnungen möglichst gering gehalten, um die auftretenden Effekte eindeutig dem Reifenmodell zuordnen zu können. Um dennoch eine möglichst einfache Integrationsfähigkeit des Reifenmodells in detailliertere Gesamtfahrzeugmodelle sicherzustellen, wird bei der Modellierung auf einen modularen Aufbau mit klar definierten Schnittstellen geachtet. Diese Modularität ist insbesondere für Reifenmodelle zu gewährleisten, da diese in der Regel an mehreren Stellen in das Gesamtfahrzeugmodell einzubinden sind.

Die Implementierung des Modells erfolgt in dieser Arbeit unter der Simulationsumgebung MATLAB®. Der modulare Aufbau wird durch sogenannte „Functions" realisiert. Diese eigenständig definierten Programmteile können an beliebigen Stellen in das Gesamtmodell integriert werden. Die Übergabe von Parametern und Systemgrößen erfolgt über frei definierbare Variablen.

Um die Echtzeitfähigkeit des Modells zu ermöglichen, müssen die Ergebnisse des Berechnungsalgorithmus zu äquidistanten Zeitpunkten vorliegen. Dies bedingt, dass die Integration der Differentialgleichungen durch ein explizites Einschrittverfahren erfolgt [57]. Diese Verfahren beinhalten im Gegensatz zu impliziten Integrationsverfahren keine iterativen Algorithmen zur Berechnung der Lösung, deren Anzahl von Berechnungsschritten sich vorab nicht abschätzen lässt, vgl. [57], [58].

Das einfachste Einschrittverfahren ist das von Euler [4], [59], [60]. Seine Berechnungsvorschrift für einen Funktionswert y zum Integrationsschritt i folgt der Form:

$$y_{i+1} = y_i + h \cdot f(t_i, y_i)$$ Gl. 6.1

Die Schrittweite h bestimmt die Genauigkeit der Lösung, jedoch auch die für die Berechnung notwendige Anzahl der Schritte. Übliche Simulationsschrittweiten in der Fahrdynamiksimulation liegen zwischen 0,5 ms und 5 ms, [9], [19], [58].

6.1 Fahrzeugmodell

Als Fahrzeugmodell dient das bereits verwendete und in Kapitel 2.2 beschriebene Viertelfahrzeugmodell. Um eine vollständige Beschreibung aller Betriebszustände zu ermöglichen, wird dieses um ein Brems/ Antriebsmodell erweitert. Ein detailliertes Bremsenmodell, das den Übergang zwischen Gleiten und Haften der Bremse realitätsgetreu abbildet, führt in der Simulation zu ähnlich steifen Differentialgleichungen wie dies bei den Betrachtungen des Reifens in dieser Arbeit der Fall ist. Modellierungsansätze zum Abbilden des Übergangs zwischen Gleiten und Haften werden beispielsweise in [61] und [44] beschrieben.

In dieser Arbeit kann auf diese detaillierte Modellierung verzichtet und stattdessen von einem unmittelbaren Übergang vom Gleit- zum Haftbereich der Bremse ausgegangen werden. Dieses Verhalten beschreibt den aus physikalischer Sicht kritischsten Fall für das Reifenmodell. Dennoch muss das Brems-/ Antriebsmodell in der Lage sein, die Umkehr des Momentenflusses und ein andauerndes Haften der Bremse abzubilden. Hierzu wird vereinfachend angenommen, dass das Rad vollständig blockiert, sobald sich seine Drehrichtung bei Vorhandensein eines Momentes ändert. Ein auf die Drehbewegung des Rades bremsend wirkendes Moment würde das Rad nach dem vollständigen Abbau der rotatorischen Bewegung ansonsten in die entgegengesetzte Drehrichtung beschleunigen. Tritt dieser Fall ein, wird der rotatorische Freiheitsgrad des Rades gesperrt. Erst wenn das Bremsmoment zu null wird oder ein Antriebsmoment vorliegt, ist eine erneute Drehbewegung des Rades möglich.

Die über die Radnabe eingeleiteten Antriebskräfte stehen mit den Fahrwiderstandskräften im Gleichgewicht. Diese lassen sich nach [40] in Fahrwiderstände bei stationärer und instationärer Fahrt unterteilen. Die instationären Fahrwiderstände entstehen bei Geschwindigkeitsänderung von Aufbau und Rad durch die rotatorischen und translatorischen Massenträgheiten der Körper. Zudem wirken die sowohl bei instationärer, als auch bei stationärer Fahrt vorherrschenden Roll-, Luft- und Steigungswiderstände. Die Berechnung dieser Widerstände und deren Abhängigkeit von den physikalischen Größen des Fahrzeuges sowie dessen Betriebsbedingungen werden beispielsweise in [7] oder [62] beschrieben.

Für die grundsätzlichen Betrachtungen in dieser Arbeit ist eine detaillierte Aufteilung der einzelnen Fahrwiderstände nicht nötig. Die instationären Fahrwiderstände ergeben sich direkt aus der Berechnung der Bewegungsgleichungen und den physikalischen Größen des Modells. Die stationären Fahrwiderstände werden zu solchen zusammengefasst, die auf den Aufbau des Fahrzeuges wirken. Hierzu zählen die Luftwiderstands- und die Hangabtriebskraft. Der Rollwiderstand stellt von seiner Wirkrichtung, wie auch aerodynamische Effekte am Rad, ebenfalls eine äußere Kraft dar, die zur Beibehaltung eines stationären Fahrzustandes durch ein Antriebsmoment und ein aus diesem resultierenden Schlupf kompensiert werden muss. Die inneren Fahrwiderstände, zu denen die Triebstrangverluste zählen, bewirken am Rad eine direkte Minderung des Antriebsmomentes oder ein Bremsmoment, sofern sich das Fahrzeug im Schiebebetrieb befindet.

Für den Modellierungsansatz in dieser Arbeit ist es ausreichend, von einer externen Widerstandkraft F_W, die auf den Aufbau des Viertelfahrzeugmodells wirkt, und einem in der Radnabe angreifenden Moment M, das sich aus der Summe von inneren Fahrwiderständen sowie Brems- und Antriebsmomenten zusammensetzt, auszugehen.

Der geometrische Hebelarm r'_{dyn} bildet die Übersetzung zwischen dem an der Radnabe wirkenden Moment und der in der Latschfläche wirkenden Kraft. Abbildung 6.1 zeigt den Aufbau des Gesamtmodells mit den wirkenden Kräften und Momenten.

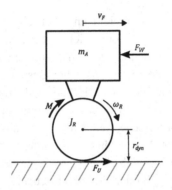

Abbildung 6.1: Kräfte und Momente am Viertelfahrzeugmodell.

Die in der Realität auftretende Aufweitung des Reifens und die damit verbundenen Vergrößerung des Hebelarms r'_{dyn} mit steigender Geschwindigkeit wird in den folgenden Simulationen vernachlässigt. Ihr Einfluss ist mit 2 mm pro 100 km/h sehr gering [62], [63].

6.2 Parameteridentifikation

Die Parameteridentifikation stellt neben der Vollständigkeit des Modells den wesentlichen Einflussfaktor auf die Güte der Simulation dar. Zudem kann sie bei komplexen Modellen mehr Zeit als die eigentliche Simulation in Anspruch nehmen. Aus diesen Gründen wurde bei der Modellerstellung in dieser Arbeit auf die Verwendung weniger, möglichst physikalisch interpretierbarer, Modellparameter geachtet.

Das Kraftmodell ist ein empirisch zu erfassendes Kraftschlussmodell, das mit Hilfe eines Messfahrzeuges, wie dem Universellen Reibungsmesser (URM) des FKFS, ermittelt werden kann [64], vgl. Abbildung 6.2.

Abbildung 6.2: Der Universelle Reibungsmesser (URM) des FKFS [64].

Das Messfahrzeug verfügt über ein in der Mitte des LKW geführtes Messrad, das über einen Pneumatikzylinder mit einer Vertikalkraft beaufschlagt werden kann. Über eine Scheibenbremse kann das Messrad bis zum Blockieren verzögert werden. Durch die große Masse des Versuchsfahrzeuges haben die hierbei auftretenden Bremskräfte nur einen geringen Einfluss auf die Messgeschwindigkeit.

Der empirische Ansatz des Modells bedingt in diesem Zusammenhang, dass der zu untersuchende Parameterbereich durch die Messungen vollumfänglich abgedeckt wird. Aus der Anzahl der messtechnisch erfassten Betriebspunkte folgt die Güte der mathematischen Beschreibung der Reifeneigenschaften. Für die Betrachtungen in dieser Arbeit bedeutet dies, dass insbesondere der Geschwindigkeitseinfluss für den Bereich niedriger Geschwindigkeiten ausreichend genau aufzulösen ist. Andere Einflussfaktoren wie die Radlast oder der Fülldruck sind hingegen nicht Bestandteil der Untersuchungen.

Die Messungen wurden mit einem Reifen der Dimension 205/55 R16 bei einer Radlast von 4500 N und einem Reifenfülldruck von 2,2 bar durchgeführt. Bei der Auswahl der Teststrecke wurde auf einen homogenen Fahrbahnbelag geachtet. Die Geschwindigkeiten, bei denen die Messungen vorgenommen wurden, ergaben sich aus der Getriebeübersetzung und der

Leerlaufdrehzahl des Messfahrzeuges zu 1; 1,3; 1,8 und 3,4 m/s. Zusätzlich wurde eine Messung bei 13,8 m/s durchgeführt. Für jede Geschwindigkeit wurden drei Wiederholungen der Messung vorgenommen, um mögliche Schwankungen der Messung durch Radlaständerungen oder unterschiedlich griffige Fahrbahnabschnitte zu verringern.

Die so gewonnen Messdaten dienen als Basis für das Fitting der Parameter des empirischen Reifenmodells Magic Formula nach Pacejka [1]. In seiner Grundform wird das Umfangskraftverhalten in Abhängigkeit vom Schlupf λ durch die nachfolgende Funktion abgebildet.

$$\mu(\lambda) = D_{MF} \cdot sin[C_{MF}$$
$$\cdot arctan\{B_{MF} \cdot x - E_{MF} \cdot (B_{MF} \cdot x - arctan(B_{MF} \cdot x))\}] + s_h \qquad \text{Gl. 6.2}$$

Hierbei ist μ der mit der Radlast normierte Umfangskraftbeiwert und für die Variable x gilt:

$$x = \lambda - s_v \qquad \text{Gl. 6.3}$$

Tabelle 6.1 beinhaltet die Parameter für jede der vermessenen Geschwindigkeiten, die sich aus einem Fitting ergeben.

Tabelle 6.1: Parameter der Magic Formula für unterschiedliche Geschwindigkeiten.

Geschwindigkeit	B_{MF}	C_{MF}	D_{MF}	E_{MF}	s_v	s_h
1 m/s	10	1,6	1,3	0,85	0,01	0
1,3 m/s	9	1,6	1,25	0,78	0	0
1,8 m/s	15	1,61	1,18	0,85	0	0
3,4 m/s	9	2	1,15	0,95	-0,01	0
13,8 m/s	10,4	1,9	1,03	0,85	0	0,1

Abbildung 6.3 zeigt den Verlauf des Kraftschlussbeiwertes μ über dem Schlupf für die entsprechenden Kurven.

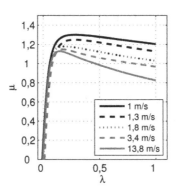

Abbildung 6.3: Gefittete Kurven des Magic-Formula Reifenmodells für die fünf Messgeschwindigkeiten.

Die Messungen belegen das bereits angesprochene geschwindigkeitsabhängige stationäre Umfangskraftverhalten eines Reifens. Im linearen Anstieg der Kurven ist das Verhalten der Reifen im Rahmen der Messgenauigkeit als geschwindigkeitsunabhängig zu bezeichnen. Mit zunehmenden Gleitanteilen im Latsch kommt das geschwindigkeitsabhängige Gleitreibungsverhalten von Gummi zum Tragen. Die bei höheren Fahrzeuggeschwindigkeiten größeren Gleitgeschwindigkeiten führen zu einer Abnahme der Reibkraft. Die Ergebnisse sind vergleichbar mit [14] und [65].

Die Abnahme des maximalen Umfangskraftbeiwertes scheint bei den durchgeführten Messungen und dem hierbei betrachteten Geschwindigkeitsbereich gegen einen Grenzwert im Bereich von $\mu = 1,1$ zu laufen. Die Abnahme der Umfangskraft bei blockierendem Rad fällt wesentlich stärker aus als im Umfangskraftmaximum.

Untersuchungen von Grosch zeigen, dass erst unterhalb von sehr geringen Gleitgeschwindigkeiten im Bereich weniger cm/s die Gleitreibung unabhängig von der Gleitgeschwindigkeit ist [66]. Auswertungen von Rado [65], Bachmann [54] und Trabelsi [67] zeigen auch für höhere Geschwindigkeitsbereiche eine Abnahme der maximalen Umfangskraft und des Gleitreibungsbeiwertes bei 100% Schlupf. Die Tendenzen des stationären Reifenverhaltens sind somit einheitlich. Die Ausprägung ist jedoch stark vom jeweiligen Reifen und dessen viskoelastischen Eigenschaften abhängig [68].

Unter der Annahme einer geschwindigkeitsunabhängigen Schlupfsteifigkeit wird der Einfluss der Geschwindigkeit in erster Linie durch den Parameter D_{MF}, der das Maximum der Umfangskraft-Schlupf-Kurve darstellt, und den Parameter C_{MF}, der die Form der Kurve beeinflusst, bestimmt. Über den Parameter E_{MF} kann die zunehmende Krümmung der Kurve nach dem Maximum abgebildet werden. Die neuen Parameter ergeben sich unter dieser Bedingung zu:

Tabelle 6.2: Parameter der Magic Formula für unterschiedliche Geschwindigkeiten.

Geschwindigkeit	B_{MF}	C_{MF}	D_{MF}	E_{MF}	s_v	s_h
1 m/s	8	1,8	1,3	0,94	0	0
1,3 m/s	8	1,87	1,25	0,939	0	0
1,8 m/s	8	1,98	1,18	0,938	0	0
3,4 m/s	8	2,03	1,15	0,933	0	0
13,8 m/s	8	2,06	1,13	0,9	0	0

In Abbildung 6.4 ist der Einfluss der Annahme einer konstanten Schlupfsteifigkeit den ursprünglich gefitteten Kurven gegenübergestellt.

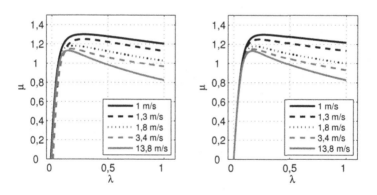

Abbildung 6.4: links: Ursprüngliche Parameter aus dem Fitting.
rechts: Angepasste Parameter mit konstanter Schlupfsteifigkeit.

Die Geschwindigkeitsabhängigkeit kann nun ausschließlich durch das Umfangskraftmaximum des Reifens und den Abfall der Kurve nach dem Maximum beschrieben werden. Der Formparameter C_{MF} berechnet sich durch die Annahme einer konstanten Schlupfsteifigkeit entsprechend Gleichung 6.4.

$$C_{MF} = \frac{c_\lambda}{B_{MF} \cdot D_{MF}}$$ Gl. 6.4

Die Geschwindigkeitsabhängigkeit des Parameters D_{MF} ergibt sich durch ein Fitting der aus den Messungen bei verschiedenen Geschwindigkeiten ermittelten Werte.

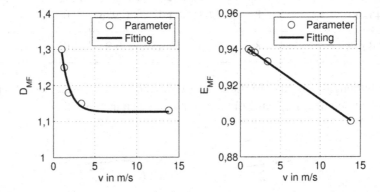

Abbildung 6.5: Einfluss der Geschwindigkeit auf die Parameter D_{MF} und E_{MF} des Magic-Formula Reifenmodells.

Für den vermessenen Reifen ergibt sich im betrachteten Geschwindigkeitsbereich eine exponentielle Abhängigkeit der Form:

$$D_{MF}(v) = 1{,}13 + 0{,}45 \cdot e^{-v}$$ Gl. 6.5

Für den geschwindigkeitsabhängigen Formfaktor folgt mit Gleichung 6.4:

$$C_{MF}(v) = \frac{c_\lambda}{B_{MF} \cdot D_{MF}(v)}$$ Gl. 6.6

Der stärkere Abfall der Kurve nach dem Maximum mit steigender Geschwindigkeit wird durch eine Geschwindigkeitsabhängigkeit des Krümmungsfaktors E_{MF} wiedergegeben. Für den vermessenen Reifen folgt:

$$E_{MF}(v) = 0,943 - 0,003125 \cdot v \qquad \text{Gl. 6.7}$$

Aus den empirischen Umfangskraftkurven kann über den in Kapitel 5.2 beschriebenen Ansatz nach Rill und der Länge der Radaufstandsfläche die Einlauflänge σ_{ges} des Reifens ermittelt werden. Die hierfür benötigte Karkasssteifigkeit konnte mit den vorhandenen Prüfständen nicht ermittelt werden und wird für die folgenden Berechnungen anhand von Literaturwerten geschätzt.

Bruni [69] bestimmt die Steifigkeits- und Dämpfungsfaktoren des Reifengürtels durch Anregung des Reifengürtels über einen rotatorischen Shaker. Hierdurch ermittelt er für einen Reifen der Dimension 185/60 R14 eine rotatorische Gürtelsteifigkeit von 110.660 Nm/rad. Für die Dämpfung ergibt sich aus den Messungen ein Wert von 20,1 Nm · s/rad.[1] Die Seitenwandhöhe des von Bruni untersuchten Reifens entspricht mit rechnerischen 111 mm etwa der Seitenwandhöhe des in dieser Arbeit vermessenen Reifens mit 113 mm. Für die Einlauflänge ergibt sich mit diesen Werten, dem gemessenen Umfangskraftverhalten und einer Latschlänge von L = 0,1 m ein Einlauflängenverhalten nach Abbildung 6.6.

Das Dämpfungsverhalten des Reifenmaterials ist schwierig zu ermitteln, da es von der Frequenz und der Art der Anregung abhängt [68]. Zudem ergeben sich Unterschiede zwischen der Dämpfung eines frei schwingenden und eines unter Radlast auf der Fahrbahn abgesetzten Reifens.

---

[1] Im Originaltext ist die rotatorische Dämpfung fälschlicherweise mit der Einheit Nm/rad angegeben.

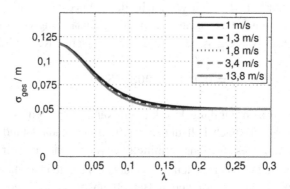

Abbildung 6.6: Einlauflänge σ_{ges} für die gemessenen Geschwindigkeiten in Abhängigkeit vom Schlupf λ.

Für die Parameterwahl in dieser Arbeit werden modale Dämpfungswerte aus der Literatur verwendet, die aus Schlagleistenmessungen bei unterschiedlichen Geschwindigkeiten ermittelt werden können [43], [69]. Die gemessene Dämpfung setzt sich hierbei aus den beiden Anteilen Material- und Kinematische-Dämpfung zusammen. Bei dieser Art von Messungen ergibt sich für die Dämpfung des ersten Modes, der eine Kombination aus rotatorischer und translatorischer Bewegung des Reifengürtels ist, die auch in dieser Arbeit beschriebene lineare Zunahme mit der Geschwindigkeit. Zwar kann beim Überrollen der Schlagleiste mit geringen Geschwindigkeiten keine Schwingung des Reifens beobachtet werden, da die Anregung des Reifens durch dessen Umschließungseigenschaften verschwindet. Dennoch ist es möglich, durch Extrapolation des linearen Bereiches einen Wert für die Materialdämpfung aus Gleichung 5.38 von d2 = 0,0005 zu bestimmen. Ein Vergleich mit von Zegelaar durchgeführten Momentensprung - Messungen [43] zeigt ebenfalls eine gute Übereinstimmung des Dämpfungsverhaltens. In Abbildung 6.7 ist der zeitliche Verlauf der Umfangskraft bei sprungförmiger Bremsmomentanregung dargestellt. Die Geschwindigkeit v_F beträgt konstante 25 km/h.

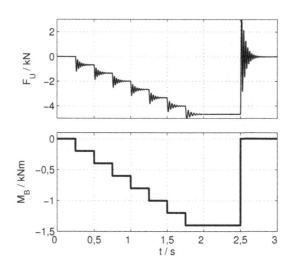

Abbildung 6.7: Kraftverlauf infolge einer sprungförmigen Bremsmomentenanregung bei einer konstanten Geschwindigkeit von $v_F = 25\ km/h$.

Im Stand schwingt bei blockiertem Rad die gesamte Aufbaumasse auf der Reifenfeder. Der größeren Masse entsprechend verringert sich die Frequenz der Schwingung. Aus der gewählten Dämpfung von d2 = 0,0005 resultiert eine nur sehr langsam abklingende Schwingung, vgl. Abbildung 6.8.

Messungen des Dämpfungsverhaltens eines Reifens bei horizontaler Anregung im entsprechenden Frequenzbereich konnten in der Literatur nicht gefunden werden. Es scheint jedoch realistisch, dass die Dämpfung im Stand höher ausfällt als es sich durch lineare Extrapolation der Dämpfung zu einer Geschwindigkeit von null ergeben würde, vgl. Abbildung 5.18. Durch die Unabhängigkeit der gewählten Materialdämpfung von der Geschwindigkeit und deren additiven Charakter zur kinematischen Dämpfung kann der Materialdämpfung auf einfache Weise ein geschwindigkeitsabhängiges Verhalten aufgeprägt werden. Hierzu wird zunächst ein sinnvoll erscheinender Wert für das Dämpfungsverhalten bei $v_T = 0$ ermitelt.

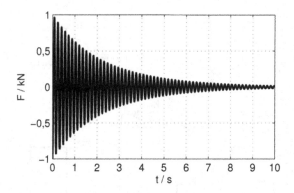

Abbildung 6.8: Aufbauschwingung im Stand mit $d2 = 0{,}0005$.

Mit einem Wert von d2 = 0,0075 klingt die Aufbauschwingung nach einer Impulsanregung in ca. einer Sekunden ab, vgl. Abbildung 6.9.

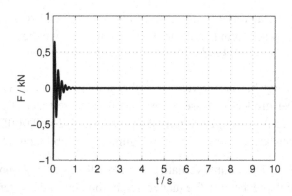

Abbildung 6.9: Aufbauschwingung im Stand mit d2 = 0,0075 bei impulsförmiger Anregung.

Um einen harmonischen Übergang zwischen der Dämpfung bei $v_T = 0$ und $v_T \neq 0$ zu gewährleisten, wird für den Dämpfungsparameter $d2$ eine exponentielle Abnahme über der Geschwindigkeit nach Gleichung 6.8 angenommen.

$$d2(v_T) = 0,0005 + 0,007 \cdot e^{-10 \cdot v_T} \qquad\qquad \text{Gl. 6.8}$$

Idealerweise erfolgt die Identifizierung des Dämpfungsverhaltens in zwei Schritten. Zunächst wird aus Bremsmomentensprung- oder Schlagleisten-Messungen das geschwindigkeitsabhängige Dämpfungsverhalten bei $v_T \neq 0$ bestimmt. Durch Extrapolation der Messwerte zu $v_T = 0$ ergibt sich der geschwindigkeitsunabhängige Anteil der Materialdämpfung. Anschließend kann durch eine harmonische Anregung des stehenden Rades in horizontaler Richtung das Dämpfungsverhalten des stehenden Rades ermittelt werden. Da das Dämpfungsverhalten von viskosen Stoffen ein frequenzabhängiges Verhalten zeigt [68], sollte die Anregung für diesen Zustand im Bereich der horizontalen Aufbaueigenfrequenz erfolgen. Über die so gewonnenen Werte ergeben sich schließlich die Parameter des Dämpfungsverhaltens nach Gleichung 6.8. Der negative Faktor im Exponenten der Exponentialfunktion bestimmt wie schnell der Einfluss der zusätzlichen Dämpfung bei $v_T = 0$ verschwindet. Für die in dieser Arbeit durchgeführten Simulationen wurde er auf einen Wert von -10 gesetzt.

Neben den Parametern des Reifenmodells werden für die Simulation die Parameter des Gesamtfahrzeugmodells in Form des rotatorischen Massen-trägheitsmomentes des Rades und die Aufbaumasse benötigt. Die Aufbau-masse entspricht beim Viertelfahrzeug der statischen Radlast des betrach-teten Rades. Sie wurde in den durchgeführten Simulationen, den Reifen-messungen entsprechend, zu $F_N = 4500\,N$ gesetzt. Die rotatorische Trägheit des Rades kann durch einen Pendelversuch mit drei Aufhängungs-punkten nach [63] bestimmt werden. Die Trägheit des Rades inklusive Felge wurde nach dieser Methode zu $J_R = 1,25\,\text{kgm}^2$ bestimmt [70].

6.3 Simulationsmanöver

Die Auswahl der Manöver, die zur Bewertung des Reifenmodells verwendet werden, orientiert sich an den möglichen Betriebszuständen in einem Fahrsimulator. Die Manöver können anhand der zeitlichen Änderung der

Systemzustände in dynamische und stationäre Manöver unterteilt werden. Zudem ist eine Trennung nach der Wirkrichtung der Kräfte in Antreiben und Bremsen möglich. Der Bereich hoher Schlupfwerte, in dem die Umfangs-kraft-Schlupfkurve abfällt, bildet einen weiteren kritischen Betriebszustand, da hier bis zum Erreichen von 100% Schlupf ein instabiles Systemverhalten vorliegt.

Dem Schwerpunkt dieser Arbeit entsprechend liegt der Fokus der Unter-suchungen auf niedrigen Geschwindigkeiten, insbesondere bis zum Stillstand des Rades. Es werden aber auch Bereiche hoher Geschwindigkeiten betrach-tet, um eine vollständige Abbildung aller möglichen Betriebszustände zu erhalten. In Tabelle 6.3 sind die möglichen Zustandskombinationen und die dazugehörigen Fahrmanöver aufgelistet.

Tabelle 6.3: Fahrmanöver zur Abbildung der Betriebszustände in einem Fahrsimulator.

#	Manöver	Geschw.-keiten	Schlupf-zustand	Dynamik	Externe Kräfte
1	Freies Rollen	$v_F > 0$, $\omega > 0$	$\lambda' = 0$	nein	nein
2	Konstantes Bremsen bis zum Stillstand	$v_F \to 0$, $\omega \to 0$	$\lambda' < \lambda'_{\mu max}$	bedingt	nein
3	Blockierbremsung	$v_F \neq 0$, $\omega = 0$	$\lambda' > \lambda'_{\mu max}$	ja	nein
4	Stehen in der Ebene	$v_F = 0$, $\omega = 0$	$\lambda' = 0$	nein	nein
5	Freies Rollen am Hang	$v_F > 0$, $\omega > 0$	$\lambda' = 0$	nein	ja
6	Stehen am Hang	$v_F = 0$, $\omega = 0$	$\lambda' = 0$	nein	ja
7	Abrutschen am Hang	$v_F \neq 0$, $\omega = 0$	$\lambda' = 1$	bedingt	ja
8	Brems-und Antriebs-momentensprünge	$v_F > 0$, $\omega > 0$	$\lambda' \neq 0$	ja	nein

Manöver 1 bis 4 beschreiben Fahrsituationen ohne externe Kräfte. Ohne Brems- oder Antriebsmomente bleibt die Fahrzeuggeschwindigkeit bei diesen Manövern konstant. Bei den Manövern 5 bis 7 liegt eine externe Kraft vor, die auf den Aufbau des Viertelfahrzeugmodels wirkt. In den nachfolgenden Simulationen wird diese in Form einer Hangabtriebskraft angesetzt, da sich somit keine Wechselwirkungen mit der Fahrzeuggeschwindigkeit ergeben wie es bei einer Luftwiderstandskraft der Fall wäre. Bei Manöver 8 handelt es sich um einen synthetischen Betriebszustand, bei dem die Fahrzeuggeschwindigkeit unabhängig von der Raddrehzahl und den auftretenden Umfangskräften konstant gehalten wird. Einen anschaulichen Vergleich bildet die simulative Nachbildung eines Reifenprüfstandes.

6.4 Simulationsergebnisse

Für die Simulation werden die in Kapitel 6.3 beschriebenen Manöver zu realitätsnahen Fahrmanövern zusammengefasst. In Abbildung 6.10 ist eine im Anschluss an eine Phase des freien Rollens mit $v = 10\,m/s$ eingeleitete Bremsung bis zum Stillstand des Fahrzeuges dargestellt. Hierbei wird zunächst mit einem konstanten Bremsmoment von $M_B = 400\,Nm$ verzögert. Anschließend wird das Bremsmoment zum Zeitpunkt $t = 0,75\,s$ sprungförmig auf $M_B = 3000\,Nm$ erhöht. Dies hat ein Blockieren des Rades zur Folge, da die maximal übertragbare Umfangskraft des Reifens überschritten wird. Zum Zeitpunkt $t = 1,25\,s$ wird das Bremsmoment wieder auf den ursprünglichen Wert von $M_B = 400\,Nm$ reduziert und bis zum Stillstand des Fahrzeuges konstant gehalten.

Das Manöver lässt sich in fünf Phasen unterteilen. Die Zugehörigkeit zu den Manövern aus Tabelle 6.3 ergibt sich wie folgt:

▪ Phase 1: t = [0s; 0,25s]   → Manöver #1 (freies Rollen)

▪ Phase 2: t = [0,25s; 0,75s] → Manöver #2 (konstantes Bremsen)

▪ Phase 3: t = [0,75s; 1,25s] → Manöver #3 (Blockierbremsung)

■ Phase 4: t = [1,25s; 2,2s]   → Manöver #2 (konstantes Bremsen bis
                                               zum Stillstand)

■ Phase 5: t = [2,2s; 3,5s]   → Manöver #4 (Stehen in der Ebene)

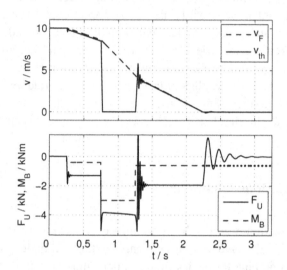

Abbildung 6.10: Simulationsergebnisse einer Abbremsung aus $v = 10m/s$
bis zum Stillstand mit zwischenzeitlicher Blockierbrem-
sung.

Während der ersten Phase ist die Differenzgeschwindigkeit im Reifenlatsch
null. Entsprechend entstehen keine Umfangskräfte, die eine Verzögerung des
Fahrzeugmodells zur Folge hätten. Die sprungförmige Erhöhung des
Bremsmomentes im Übergang zur zweiten Phase hat einen Abfall der
theoretischen Geschwindigkeit zur Folge. Die hierdurch entstehende
Differenzgeschwindigkeit bewirkt eine Umfangskraft. Durch die relativ hohe
Geschwindigkeit von $v = 10 \, m/s$ zu diesem Zeitpunkt ist die entstehende
Schwingung beim Übergang stark gedämpft. In Phase zwei bildet sich ein
Kräftegleichgewicht zwischen der aus dem Bremsmoment resultierenden und
der in der Latschfläche wirkenden Umfangskraft aus. Dies bewirkt eine
konstante Verzögerung des Fahrzeugmodells. Zum Zeitpunkt $t = 0,75 \, s$
wird das Bremsmoment schlagartig auf einen Wert gesteigert, der ein

Blockieren des Rades verursacht. Die Umfangskraft im Latsch durchschreitet das Umfangskraftmaximum, was sich in einer Kraftspitze im Zeitsignal dargestellt, und fällt anschließend auf den Gleitreibwert bei 100% Schlupf ab. Das Fahrzeug wird während der Phase des blockierenden Rades entsprechend der resultierenden Gleitreibungskraft verzögert. Das geschwindigkeitsabhängige Umfangskraftverhalten des Reifens führt zu einer leichten Zunahme der Umfangskraft während dieser Phase. Als Folge der Verringerung des Bremsmomentes bei $t = 1,25\,s$ wird das zuvor blockierte Rad wieder beschleunigt. Auch hierbei kommt es zu einer Schwingung in der Raddrehzahl, die auf Grund der geringeren Geschwindigkeit schwächer bedämpft ist, als dies beim Übergang von Phase eins zu Phase zwei der Fall war. Die sich anschließende konstante Bremsphase endet zum Zeitpunkt $t = 2,2\,s$ mit dem Blockieren des Rades. Da in dem verwendeten Simulationsmodell keine Eigenschaften des Bremssystems abgebildet sind, wird das Blockieren des Rades über ein Sperren des rotatorischen Freiheitsgrades erreicht. Die sich anschließende Schwingung resultiert aus der Bewegung des Fahrzeugaufbaus auf der Reifenfeder. Die wesentlich größere Masse führt zu einer deutlich geringeren Frequenz der Kraftschwingung, als dies bei der Bremsmomentänderung zuvor der Fall war.

Die Wirkung externer Kräfte wird durch die Simulation einer Hangabtriebskraft umgesetzt. Für das Modell ist es hierbei im Prinzip egal, um welche Art von externer Kraft es sich handelt. Die vorgeschlagene Bezeichnung fördert jedoch die Anschaulichkeit der Ergebnisse.

Die in Abbildung 6.11 dargestellten Simulationsergebnisse zeigen das Ausrollen eines Fahrzeuges an einer Steigung. Sobald die Geschwindigkeit des Rades null erreicht, wird das Rad blockiert. Es schließt sich eine Phase des „Stehen am Hang" an. Ein Abrutschen des Fahrzeuges wird durch eine Erhöhung der externen Kraft erreicht. Um realistische Absolutwerte zu erhalten, wurde der Kraftschlussbeiwert für die gesamte Simulation um 40% reduziert. Durch die zu Beginn der nächsten Phase erfolgende Reduzierung der Hangabtriebskraft auf null wird ein Ausgleiten des Fahrzeuges bis zum Stillstand erreicht. Die Zuordnung der fünf Simulationsphasen zu den Manövern aus Tabelle 3 stellt sich wie folgt dar.

■ Phase 1: t = [0s; 1,35s]   → Manöver #5 (Ausrollen am Hang)

■ Phase 2: t = [1,35s; 3s]   → Manöver #6 (Stehen am Hang)

■ Phase 3: t = [3s; 5,5s]   → Manöver #7 (Abrutschen am Hang)

■ Phase 4: t = [5,5s; 5,8s]   → Manöver #3 (Blockierbremsung)

■ Phase 5: t = [5,8s; 8s]   → Manöver #4 (Stehen in der Ebene)

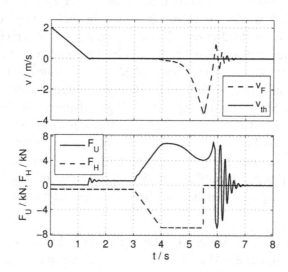

Abbildung 6.11: Simulationsergebnisse eines Ausrollens am Hang aus
$v = 2m/s$ mit darauffolgender Stand- und Abrutschphase.

Während der Phase des Ausrollens resultiert die Verzögerung des Fahrzeuges aus der externen Hangabtriebskraft. Die Kraft in der Latschfläche hingegen ist annähernd null. Nur bei genauerer Betrachtung liegt eine Differenzgeschwindigkeit vor, die aus der Massenträgheit des Rades resultiert. In der dargestellten Simulation beträgt diese Kraft $F_U = 20,6$ N. Erreicht die Raddrehzahl den Wert null, wird, wie in der vorherigen Simulation, das Rad blockiert. Die Hangabtriebskraft des Aufbaus muss nun über den Reifen auf der Fahrbahn abgestützt werden. Die Kraft im Latsch bildet hierbei ein Kräftegleichgewicht mit der Hangabtriebskraft. Ab dem

Zeitpunkt $t = 3$ s wird die auf den Aufbau wirkende Hangabtriebskraft bis auf $F_H = 7000$ N erhöht, um ein Abrutschen des Fahrzeuges durch die Überschreitung des maximalen Kraftschlussbeiwertes zwischen Reifen und Fahrbahn zu erzwingen. Zunächst steigt die Umfangskraft F_U entsprechend der Hangabtriebskraft F_H linear an. Bereits ab $t = 3$ s ist am Aufbau eine Geschwindigkeit $v_F \neq 0$ zu erkennen. Diese resultiert zunächst jedoch lediglich aus der Verformung der Reifenfeder. Erst zum Zeitpunkt $t = 4$ s wird das Kraftschlussmaximum des Reifens überschritten und das Modell geht in einen Zustand von 100% Schlupf über. Der Kraftüberschuss aus der Hangabtriebskraft beschleunigt das Fahrzeug. Durch die steigende Gleitgeschwindigkeit kommt es zu einem weiteren Abfall der Umfangskraft am Reifen. Durch den Entfall der externen Kraft zum Zeitpunkt $t = 5,5$ s führt die am Reifen angreifende Umfangskraft zu einer Verzögerung der Aufbaugeschwindigkeit. Das Rad ist auch während dieser Phase noch vollständig blockiert. Sobald die Trägheitskräfte des Aufbaus wieder durch die Umfangskräfte abgestützt werden können schwingt das System, den Betrachtungen des Abbremsens bis zum Stillstand entsprechend, aus.

Eine Simulation von Bremsmomentsprüngen entsprechend Manöver 8 zeigt die Geschwindigkeits- und Lastpunktabhängigkeit des dynamischen Reifenmodellverhaltens. Es werden für drei Geschwindigkeiten von 1, 10 und 25 m/s jeweils fünf aufeinanderfolgende Momentensprünge mit einer Sprunghöhe von $\Delta M_B = 300$ Nm simuliert. In Abbildung 6.12 sind auf der linken Seite die jeweiligen Umfangskräfte dargestellt. Auf der rechten Seite sind die dazugehörigen Umfangskraft-Schlupfkurven abgebildet auf denen die sich nach jedem Sprung einstellenden Stationärwerte mit einem Kreis markiert sind.

Ein Vergleich der Kraftverläufe auf der linken Seite zeigt die mit der Geschwindigkeit zunehmende Dämpfung des Modells. Zudem lässt sich bei jeder Geschwindigkeit beobachten, dass die Dämpfung mit Zunahme des Lastpunktes steigt. Dieses Verhalten resultiert aus der abnehmenden Einlauflänge, die ihrerseits eine Folge der sinkenden Schlupfsteifigkeit in diesem Bereich der Umfangskraft-Schlupf-Kurve ist.

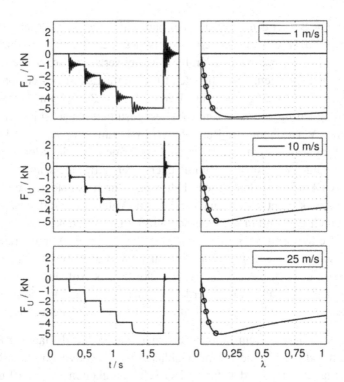

Abbildung 6.12: Simulation einer sprungförmigen Momentenanregung von $\Delta M_B = -300\ Nm$ bei konstanten Übergrundgeschwindigkeiten von 1, 10 und 25 m/s.

Abschließend kann festgehalten werden, dass die durchgeführten Simulationen die Anwendbarkeit des Reifenmodells im Rahmen von Gesamtfahrzeugsimulationen bestätigen. Sowohl das stationäre als auch das dynamische Verhalten des Modells weisen ein realistisches Verhalten auf, das in Übereinstimmung mit in der Literatur gefundenen Messungen ist [1], [20].

7 Schlussfolgerung und Ausblick

Die analytischen Untersuchungen zur Ursache der numerischen Probleme im Rahmen der Gesamtfahrzeugsimulation bei geringen Geschwindigkeiten haben gezeigt, dass diese aus der Zustandsbeschreibung des Reifens resultieren. In diesem Zusammenhang wurde deutlich, dass die Systemsteifigkeit bei Verwendung der herkömmlichen Schlupfdefinition mit sinkender Geschwindigkeit stetig zunimmt und für Geschwindigkeiten gegen null gegen Unendlich strebt. Eine Anpassung der Simulationsschrittweite hilft bei Verwendung expliziter Integrationsverfahren, wie sie für die Anwendung im Rahmen der Echtzeitfähigkeit nötig sind, zwar den Bereich der numerischen Stabilität zu erweitern, das eigentliche Problem der zunehmenden Systemsteifigkeit wird hierdurch jedoch nicht behoben.

Anhand eines physikalischen Modellansatzes, der die Vorgänge im Reifenlatsch abbildet, wurden die Mechanismen der Zustandsausbildung in Abhängigkeit von der Geschwindigkeit analysiert und diejenigen Aspekte identifiziert, die bei der herkömmliche Zustandsbeschreibung durch den Schlupf nicht abgebildet werden. Es konnte gezeigt werden, dass die örtliche Auflösung der Latschfläche den Charakter eines Filters hat. Dieser sorgt dafür, dass sich das Systemverhalten in Abhängigkeit von der Anregungsfrequenz von einem proportionalen zu einem integrierenden Verhalten ändert. Die Lage des Übergangsbereiches wird hierbei durch die Geschwindigkeit und die Latschlänge bestimmt.

Um die rechenzeitintensive örtliche Diskretisierung bei der Simulation mit dem physikalischen Modell zu umgehen, wurde ein PT1 förmiges Ersatzmodell ausgearbeitet, dass das beobachtete Verhalten des Bürstenmodells hinreichend genau abbildet. Die Verwendung einer 4-Zonen Zustandsbeschreibung gewährleistet hierbei die Stetigkeit beim Übergang zwischen den Betriebszuständen eines Reifens in Umfangskraftrichtung.

Simulationen haben gezeigt, dass dem ausgearbeiteten Ersatzmodell, ebenso wie dem physikalischen Modell, wesentliche Aspekte zur Beschreibung des Dämpfungsverhaltens eines Reifens im Stillstand fehlen. Dieses durch die Materialeigenschaften eines Reifens hervorgerufene Verhalten konnte durch die Erweiterung des Modells um einen dissipativen Anteil umgesetzt werden. Die in diesem Zusammenhang eingeführte elastische Seitenwand ermöglicht zudem die Darstellung realistischer Einlauflängen.

Das entwickelte Modell ist in der Lage, das Reifenverhalten sowohl bei hohen als auch bei niedrigen Geschwindigkeiten bis zum Stillstand realitätsnah abzubilden. Zudem erlaubt der Aufbau des Modells bestehende stationäre Kraftmodelle in Form von analytischen Funktionen zu integrieren.

Bei der Modellierung wurde neben einem modularen Aufbau, der die Einbindung in ein Gesamtfahrzeugmodell vereinfacht, auf eine einfache Parametrierung und die Unabhängigkeit der einzelnen Parameter geachtet. Hierdurch sind Auswirkungen bei der Parameteranpassung vom Anwender auf einfache Weise nachzuvollziehen und der Aufwand bei der Parametrierung bleibt in einem überschaubaren Rahmen.

Abschließend wurde anhand von Simulationsrechnungen die Funktionsfähigkeit des Reifenmodells für typische, in einem Fahrsimulator vorkommende Fahrzustände, nachgewiesen. Der Fokus der Untersuchungen lag hierbei auf geringen Geschwindigkeiten. Es konnte gezeigt werden, dass das Modell sowohl im stationären als auch im dynamischen Bereich funktioniert. Hierbei wurden auch kritische Zustände wie das vollständige Blockieren des Rades oder das Stehen an einer Steigung sowie der dynamische Übergang zwischen diesen Zuständen betrachtet.

Diese Arbeit beschränkt sich auf die Darstellung des Umfangskraftverhaltens eines Reifens. Für die Zustandsbeschreibung in Querrichtung, die üblicherweise über den Schräglaufwinkel α definiert wird, ergibt sich für eine Geschwindigkeit von null, ebenso wie beim Schlupf in Umfangskraftrichtung, eine Singularität der Zustandsbeschreibung. Aufgrund der Symmetrie der physikalischen Beschreibung der Latschfläche durch das Bürstenmodell kann dieses auch für die Zustandsbeschreibung in Querrichtung verwendet werden. Den Systemeingang für die Berechnung eines dynamischen Schräglaufwinkels α' bildet in diesem Fall die Quergeschwindigkeit u in der Latschfläche. Entsprechend der Umfangskraftrichtung kann schließlich ein Verhalten erster Ordnung definiert werden.

Auch die zusätzliche Einlauflänge durch die Seitenwandsteifigkeit und die Materialdämpfung lassen sich entsprechend der Annahmen in Umfangskraftrichtung definieren. Bei den Betrachtungen muss jedoch berücksichtigt werden, dass die Masse des Rades bei den vereinfachten Betrachtungen, wie sie in dieser Arbeit angenommen wurden, keinen Freiheitsgrad in Querrichtung aufweist. Daher werden auch bei kleinen Geschwindigkeiten nur in Kombination mit einer Aufbaumasse Schwingungen zu beobachten sein.

Bei der Einbindung in ein Gesamtfahrzeugmodell in Form eines Einspurmodells ist darüber hinaus zu berücksichtigen, dass die Zustände des Gesamtfahrzeugmodells auch für Geschwindigkeiten von null definiert sind. Dies wäre beispielsweise für den üblicherweise verwendeten Schwimmwinkel nicht der Fall. Neben dem Aufbau des Simulationsmodells und den entsprechenden Fragen der Parametrierung ergeben sich weiterführende Fragestellungen in der Abbildung von kombinierten Schlupf- /Schräglaufwinkelzuständen.

Für die zusätzliche Dämpfung über das Seitenwandmodell wurde ein pragmatischer Weg gefunden, der Dämpfung eine zusätzliche Geschwindigkeitsabhängigkeit aufzuprägen. Experimentelle Untersuchungen über das tatsächliche Dämpfungsverhalten konnten in dieser Arbeit jedoch nicht durchgeführt werden. Auch weitere Einflüsse auf das Dämpfungsverhalten, wie Temperatur-, Fülldruck- oder Radlasteffekte wurden nicht betrachtet. Insbesondere Radlaständerungen können, vergleichbar mit der Differenzgeschwindigkeit, dynamische Einflüsse auf die Zustandsbeschreibung haben. Die Auswirkungen einer dynamischen Radlaständerung werden im beschriebenen Modell lediglich über das Kraftmodell berücksichtigt. Da die Kräfte im Reifenlatsch infolge einer Radlaständerung aber auch ein zeitlich verzögertes Verhalten zeigen, müsste das bestehende Modell hinsichtlich dieser Eigenschaft erweitert werden.

Letztlich steht die Einbindung des Reifenmodells in die Simulationsumgebung des Fahrsimulators aus. Die klar definierten Schnittstellen und der modulare Aufbau des Reifenmodells bieten für dieses Vorhaben die besten Voraussetzungen.

Literaturverzeichnis

[1] H. Pacejka: Tyre and Vehicle Dynamics. Butterworth-Heinemann, 2006

[2] Robert Bosch GmbH: Kraftfahrtechnisches Taschenbuch. Springer-Verlag, Berlin Heidelberg, 1995

[3] W.E. Meyer, H.W. Kummer: Die Kraftübertragung zwischen Reifen und Fahrbahn. ATZ: Automobiltechnische Zeitschrift, pp. 245-250, September 1994

[4] D. Schramm: Modellbildung und Simulation der Dynamik von Kraftfahrzeugen. Springer-Verlag, Berlin Heidelberg, 2013

[5] M. Pottinger: Forces and Moments. In: The pneumatic tire, NHTSA: National Highway Traffic Safety Administration, pp. 286-359, 2006

[6] U. Eichhorn: Reibwert zwischen Reifen und Fahrbahn - Einflussgrößen und Erkennung. VDI Verlag GmbH, Düsseldorf, 1994

[7] J. Wiedemann: Kraftfahrzeuge I. Vorlesungsmanuskript, Universität Stuttgart, 2015

[8] A. Gent: The pneumatic tire. NHTSA: National Highway Traffic Safety Administration, Washington DC, 2005

[9] G. Baumann: Werkzeuggestützte Echtzeit-Fahrsimulation mit Einbindung vernetzter Elektronik. Dissertation, Universität Stuttgart, 2003

[10] R. Sharp, H. Pacejka: Shear Force Development by Pneumatic Tyres in Steady State Conditions: A Review of Modelling Aspects. In: Vehicle System Dynamics: International Journal of Vehicle Mechanics and Mobility, Bd. 20, pp. 121-175, 1991

[11] R. Uil: Tyre models for steady-state vehicle handling analysis. Eindhoven University of Technology, 2007

[12] K. Guo, Y. Zhuang, D. Lu, S. Chen, W. Lin: A study on speed-dependent tyre–road friction and its effect on the force and the moment. In: Vehicle System Dynamics: International Journal of Vehicle Mechanics and Mobility, Bd. 43, Nr. 1, pp. 329-340, 2005

[13] H.W. Kummer, W.E. Meyer: Verbesserter Kraftschluß zwischen Reifen und Fahrbahn - Ergebnisse einer neuen Reibungstheorie. In: ATZ: Automobiltechnische Zeitschrift, pp. 382- 386, August 1967

[14] P. Fancher, L. Segel, C. MacAdam, H. Pacejka: Tire traction grading procedures as derived from the maneuvering of a tire-vehicle system. HSRI: Highway Safety Research Institute, Michigan, Ann Arbor, 1972

[15] J. de Hoogh: Implementing inflation pressure and velocity effects into the Magic Formula. Technische Universität Eindhoven, Eindhoven, 2005

[16] J. E. Bernard, C. B. Winkler, P. S. Fancher: A computer based mathematical method for predicting the directional response of truck and tractor-trailers. Transportation Research Institut, Michigan, 1973

[17] G. Rill: Wheel Dynamics. In: Proceedings of the XII International Symposium on Dynamic Problems of Mechanics, Ilha Bela, Brasilien, 2007

[18] B. Clover: Tire Modeling for Low-Speed and high-speed calculations. SAE Technical Paper 950311, pp. 85-94, 1995

[19] C. Clover, J. Bernard: Longitudinal Tire Dynamics. In: Vehicle System Dynamics: International Journal of Vehicle Mechanics and Mobility, Nr. 29:4, pp. 231-260, 2007

[20] P. Zegelaar, H. Pacejka: Dynamic Tyre Responses to Brake Torque Variations. In: Vehicle System Dynamics: International Journal of Vehicle Mechanics and Mobility, Bd. 27:S1, pp. 65-79, 1997

[21] J. Lee: Non-singular slip (NSS) method for longitudinal tire force calculations in a sudden braking simulation. In: International Journal of Automotive Technology, Bd. 13, Nr. 2, pp. 215-222, 2012

[22] S.-L. Koo: An Improved Tire Model for Vehicle Lateral Dynamics and Control. In: Proceedings of the 2006 American Control Conference, Minneapolis, 2006

[23] S.-L. Koo, H.-S. Tan: Dynamic-Deflection Tire Modeling for Low-Speed Vehicle Lateral Dynamics. In: Journal of Dynamic Systems, Measurement and Control, Nr. 129, pp. 393-403, Juli 2007

[24] S.-L. Koo: Vehicle Steering Control under the Impact of Low-Speed Tire. In: Proceedings of the 2006 American Control Conference, Minneapolis, 2006

[25] J. Deur: A Brush-Type dynamic tire friction model for non-uniform normal pressure distribution. In: 15th Triennial World Congress, Barcelona, Spain, 2002

[26] G. Mavros, H. Rahnejat, P. King: Transient analysis of tyre friction generation using a brush model with interconnected viscoelastic bristles. In: Proceedings of the Institution of mechanical Engineers, Nr. 219, pp. 275-283, 2005

[27] J. Svendenius: Tire modeling and friction estimation. Department of Automatic Control, Lund University, 2007

[28] J. Svendenius, B. Wittenmark: Brush tire model with increased flexibility. In: Proceedings of the European Control Conference, Cambridge, UK, 2003

[29] H. Fromm: Berechnung des Schlupfes beim Rollen deformierbarer Scheiben. In: Zeitschrift für angewandte Mathematik und Mechanik, Bd. 7, Nr. 1, pp. 27-58, Februar 1927

[30] S. Gong: A study of in-plane Dynamics of tires. Delft University of Technology, Faculty of Mechanical Engineering, 1993

[31] Z.-X. Yu: A Simple Analysis Method for Contact Deformation of Rolling Tire. In: Vehicle System Dynamics: International Journal of Vehicle Mechanics and Mobility, Bd. 36:6, pp. 435-443, 2001

[32] J. Stöcker: Untersuchung lokaler Vorgänge in Pkw-Reifen mittels integrierter Sensorik. VDI Verlag GmbH, Darmstadt, 1998

[33] A. van Zanten, W. Ruf, A. Lutz: Measurement and Simulation of Transient Tire Forces. In: International Congress and Exposition, Detroit, Michigan, 1989

[34] H. Benker: Differentialgleichungen mit MATHCAD und MATLAB. Springer-Verlag, Berlin Heidelberg, 2005

[35] W. Dahmen, A. Reusken: Numerik für Ingenieure und Naturwissenschaftler. Springer-Verlag, Berlin Heidelberg, 2008

[36] T. Küpper: Dynamische Systeme. Vorlesungsmanuskript, Universität zu Köln, 2008

[37] J. Lunze: Regelungstechnik 1. Springer-Verlag, Bochum, 2013

[38] H. Jäger, R. Mastel, M. Knaebel: Technische Schwingungslehre. Springer Vieweg, Esslingen, 2013

[39] P. W. A. Zegelaar: Modal Analysis of Tire In-Plane Vibration. In: International Congress & Exposition, Detroit, Michigan, 1997

[40] B. Heißing, M. Ersoy, S. Gies: Fahrwerkhandbuch. Vieweg+Teubner Verlag, 3. Auflage, Wiesbaden, 2011

[41] C. Beerens: Zur Modellierung nichtlinearer Dämpfungsphänomene in der Strukturmechanik. Institut für Mechanik, Ruhr-Universität Bochum, 1994

[42] M. Gipser: Reifenmodelle in der Fahrzeugdynamik: eine einfache Formel genügt nicht mehr, auch wenn sie magisch ist. In: Tagung MKS-Simulation in der Automobilindustrie, Graz, 2001

[43] P. Zegelaar: The Dynamic Response of Tyres to Brake Torque Variations and Road Unevenesses. Delft University of Technology, 1998

[44] C. de Wit: Revisiting the LuGre Model. In: IEEE Control Systems Magazine, Bd. 28, Nr. 6, pp. 101-114, 2008

[45] M. Rudermann, T. Bertram: Modified Maxwell-slip Model of Presliding Friction. In: 18th IFAC World Congress, Mailand, Italien, 2011

[46] P. Zegelaar, S. Gong, H. Pacejka: Tyre Models for the Study of In-Plane Dynamics. In: Vehicle System Dynamics: International Journal of Vehicle Mechanics and Mobility, Bd. 23:S1, pp. 578-590, 1994

[47] F. Mancosu, G. Matrascia, D. Re: Ride Comfort 3D Tyre Model: Description and Validation. In: 2. Darmstädter Reifenkolloquium, Darmstadt, 1998

[48] B. Ferhadbegović: Entwicklung und Applikation eines instationären Reifenmodells zur Fahrdynamiksimulation von Ackerschleppern. Dissertation, Universität Stuttgart, 2008

[49] G. Rill: First Order Tyre Dynamics. In: III European Conference on Computational Mechanics Solids, Structures and Coupled Problems in Engineering, Lissabon, Portugal, 2006

[50] J. Höcht, R. Göhl, W. Englberger: Zeitverhalten und Stabilität linearer dynamischer Systeme. Fachhochschule München, 2004

[51] M. Waltz: Dynamisches Verhalten von gummigefederten Eisenbahnrädern. Rheinisch-Westfälische Technische Hochschule, Aachen, 2005

[52] E. Jenckel, K.-H. Illers: Über die Temperaturabhängigkeit der inneren Dämpfung von weichgemachtem Polymethacrylsäuremethylester. Zeitschrift für Naturforschung, Nr. 9a, pp. 440-450, 1954

[53] M. Klüppel, G. Heinrich: Rubber friction on self-affine road Tracks. In: Rubber Chemistry and Technology, Bd. 4, Nr. 73, pp. 578-606, September 2000

[54] T. Bachmann: Literaturrecherche zum Reibwert zwischen Reifen und Fahrbahn. VDI Verlag GmbH, Düsseldorf, 1996

[55] U. Wohanka: Ermittlung von Reifenkennfeldern auf definiert angenässten Fahrbahnen. Dissertation, Universität Stuttgart, 2001

[56] T. Maulick: Ein neues Verfahren zur Berechnung von Reifenkennfeldern. Dissertation, Universität Stuttgart, 2000

[57] U. Sailer: Nutzfahrzeug-Echtzeitsimulation auf Parallelrechnern mit Hardware in the Loop. Dissertation, Universität Stuttgart, 1996

[58] J. Tobolář: Reduktion von Fahrzeugmodellen zur Echtzeitsimulation. Fakultät für Maschinenbau, Tschechische Technische Universität, Prag, 2004

[59] H. R. Schwarz, N. Köckler: Numerische Mathematik. Vieweg+Teubner, 8. Auflage, Wiesbaden, 2011

[60] D. Clemens: Parallele Echtzeitsimulation mechatronischer Systeme. In: 8. Symposium Simulationstechnik, Berlin, 1993

[61] C. de Wit, H. Olsson, K. Aström, P. Lischinsky: A new model for control of systems with friction. In: IEEE Transactions on automatic control, Bd. No. 3, Nr. Vol. 40, pp. 419-425, März 1995

[62] W. Mayer: Bestimmung und Aufteilung des Fahrwiderstandes im realen Fahrbetrieb. Dissertation, Universität Stuttgart, 2006

[63] J. Reimpell, K. Hoseus: Fahrwerktechnik: Fahrzeugmechanik. Vogel Buchverlag, Würzburg, 1989

[64] K.-L. Haken: Konzeption und Anwendung eines Meßfahrzeugs zur Ermittlung von Reifenkennfeldern auf öffentlichen Straßen. Dissertation, Universität Stuttgart, 1993

[65] Z. Rado: Why fixed slip devices can not measure the speed gradiant due to the pavement. In: 7th Symposium on Pavement Surface Characteristics, Virginia Tech Transportation Institute, Virginia, 2012

[66] K. Grosch: The relation betwen the friction and visco-elastic Properties of Rubber. The Royal Society, 1962

[67] A. Trabelsi: Automotive Reibwertprognose zwischen Reifen und Fahrbahn. VDI Verlag GmbH, Hannover, 2005

[68] P.-E. Austrell, L. Kari: Constitutive Models for Rubber IV. In: Proceeding of the 4th european conference for constitutive models for rubber, Stockholm, Schweden, 2005

[69] S. Bruni, F. Cheli, F. Resta: On the identification in time domain of the parameters of a tyre model for study of in-plane dynamics. In: Vehicle System Dynamics: International Jounal of Vehicle Mechanics and Mobility, Nr. 27, pp. 136-150, 1997

[70] M. Saretzki: Untersuchung des Schwingungsverhaltens des Messrades am URM II. Studienarbeit, Universität Stuttgart, 2013

[71] P. Kindt, P. Sas, W. Desmet: Measurement and analysis of rolling tire vibrations. In: Optics and Lasers in Engineering, Nr. 47, pp. 443-453, 2009

[72] J. Lines: The Suspension Characteristics of Agricultural Tractor Tyres. Cranfield Institute of Technology, Silsoe College, Cranfield, 1991

[73] J. Lunze: Regelungstechnik 2. Springer-Verlag, Bochum, 2008

[74] H. Pacejka, R. Sharp: Shear force development by pneumatic tyres in steady state conditions: A review of modelling aspects. In: Vehicle System Dynamics, Nr. 20, pp. 121-176, 1991

[75] K. Popp, W. Schiehlen: Fahrzeugdynamik: Eine Einführung in die Dynamik des Systems Fahrzeug-Fahrwerk. Teubner, 1993

[76] J. Svendenius: Review of Wheel Modeling and Friction Estimation. Department of Automatic Control, Lund, Schweden, 2003

Anhang

A.1 Herleitung der Schlupfänderung

Die Bewegungsgleichungen für das Viertelfahrzeugmodell lauten für den rotatorischen Freiheitsgrad des Rades

$$J_R \cdot \dot{\omega} = M - F_U \cdot r_{dyn} \qquad \text{Gl. A.1}$$

und für den translatorischen Freiheitsgrad des Aufbaus

$$F_U = m_A \cdot \dot{v}_F \qquad \text{Gl. A.2}$$

Die Betrachtung der Schlupfänderung erfolgt um einen Arbeitspunkt $\bar{\lambda}$ anhand der jeweiligen Schlupfdefinitionen für Bremsen λ_B und Antreiben λ_A, vgl.[7].

$$\lambda_B = \frac{v_F - v_{th}}{v_F} = 1 - \frac{\omega_R \cdot r_{dyn}}{v_F} \quad \text{mit } \omega_R \cdot r_{dyn} \leq v_F \qquad \text{Gl. A.3}$$

$$\lambda_A = \frac{v_{th} - v_F}{v_{th}} = 1 - \frac{v_F}{\omega_R \cdot r_{dyn}} \quad \text{mit } \omega_R \cdot r_{dyn} \geq v_F \qquad \text{Gl. A.4}$$

Die Kraftdefinition wird für die Betrachtungen um den Arbeitspunkt $\bar{\lambda}$ linearisiert. Diese Annahme ist zulässig, da lediglich die Änderung in einer infitessimalen Umgebung des Arbeitspunktes untersucht wird. Da beide Schlupfdefinitionen positive Werte liefern wird bei der resultierenden Umfangskraft F_U eine Unterscheidung zwischen Antreiben und Bremsen eingeführt. Die linearisierten Gleichungen lauten:

$$F_{U,B} = -\left(c_{\bar{\lambda}_B} \cdot \lambda_B + F_{B,0}\right) \qquad \text{Gl. A.5}$$

$$F_{U,A} = c_{\bar{\lambda}_A} \cdot \lambda_A + F_{A,0} \qquad \text{Gl. A.6}$$

Der Schlupf stellt eine Gleichung der beiden Veränderlichen v_F und ω_R dar. Seine Änderung wird durch das totale Differential nach Gleichung A.7 beschrieben.

$$d\lambda = \frac{\partial \lambda}{\partial \omega_R} \cdot d\omega_R + \frac{\partial \lambda}{\partial v_F} \cdot dv_F \qquad \text{Gl. A.7}$$

Für das Bremsen folgt mit den beiden partiellen Ableitungen der Bremsschlupfdefinition

$$\frac{\partial \lambda_B}{\partial v_F} = \frac{\omega_R \cdot r_{dyn}}{v_F^2} \qquad \text{Gl. A.8}$$

$$\frac{\partial \lambda_B}{\partial \omega_R} = -\frac{r_{dyn}}{v_F} \qquad \text{Gl. A.9}$$

das totale Differential nach Gleichung A.10.

$$d\lambda_B = -\frac{r_{dyn}}{v_F} \cdot d\omega_R + \frac{\omega_R \cdot r_{dyn}}{v_F^2} \cdot dv_F \qquad \text{Gl. A.10}$$

Erweitern mit $1/dt$ und einsetzen von $\dot{\omega}$ und $\dot{v}_F$ entsprechend Gleichung A.1 und A.2 führt zur zeitlichen Änderung des Schlupfes $\dot{\lambda}_B$:

$$\frac{d\lambda_B}{dt} = \dot{\lambda}_B = -\frac{r_{dyn}}{v_F} \cdot \left(\frac{M}{J_R} - \frac{r_{dyn} \cdot F_{U,B}}{J_R} \right) + \frac{\omega_R \cdot r_{dyn}}{v_F^2} \cdot \left(\frac{F_{U,B}}{m_A} \right) \qquad \text{Gl. A.11}$$

Beim Einsetzen von $F_{U,B}$ kann auf den konstanten Term $F_{B,0}$ verzichtet werden, da dieser im Arbeitspunkt $\bar{\lambda}_B$ ein Gleichgewicht mit einem zur Beibehaltung des Gleichgewichtes nötigen Moment M_0 bildet und nicht zur Schlupfänderung beiträgt. Für die zeitliche Änderung des Bremsschlupfes ergibt sich schließlich:

$$\dot{\lambda}_B = -\left(\frac{r_{dyn}^2 \cdot c_{\overline{\lambda}_B}}{v_F \cdot J_R} + \frac{\omega_R \cdot r_{dyn} \cdot c_{\overline{\lambda}_B}}{v_F^2 \cdot m_A}\right) \cdot \lambda_B - \frac{r_{dyn}}{v_F \cdot J_R} \cdot M \qquad \text{Gl. A.12}$$

A.2 Herleitung der Eigenwerte

Die Übertragungsfunktion des Systems mit zusätzlicher Dämpfung lautet:

$$G_{ZSD} = \frac{\dfrac{d_2}{c_{\overline{\lambda}}} \cdot S + 1}{\dfrac{J_R \cdot \sigma_{ges}}{r_{dyn}^2 \cdot c_{\overline{\lambda}}} \cdot S^2 + \left(\dfrac{J_R \cdot v_T}{r_{dyn}^2 \cdot c_{\overline{\lambda}}} + d_2\right) \cdot S + 1} \qquad \text{Gl. A.13}$$

Zur Berechnung der Eigenwerte des Systems wird das charakteristische Polynom aufgestellt.

$$\frac{J_R \cdot \sigma_{ges}}{r_{dyn}^2 \cdot c_{\overline{\lambda}}} \cdot S^2 + \left(\frac{J_R \cdot v_T}{r_{dyn}^2 \cdot c_{\overline{\lambda}}} + d_2\right) \cdot S + 1 = 0 \qquad \text{Gl. A.14}$$

$$S^2 + \left(\frac{v_T}{\sigma_{ges}} + \frac{r_{dyn}^2 \cdot c_{\overline{\lambda}} \cdot d_2}{J_R \cdot \sigma_{ges}}\right) \cdot S + \frac{r_{dyn}^2 \cdot c_{\overline{\lambda}}}{J_R \cdot \sigma_{ges}} = 0 \qquad \text{Gl. A.15}$$

Die Nullstellen des charakteristischen Polynoms bilden die Eigenwerte λ_e des Systems.

$$\lambda_{e_{1,2}} = -\frac{1}{2} \cdot \left(\frac{v_T}{\sigma_{ges}} + \frac{r_{dyn}^2 \cdot c_{\overline{\lambda}} \cdot d_2}{J_R \cdot \sigma_{ges}}\right) \pm \frac{1}{2} \cdot \left(\frac{v_T}{\sigma_{ges}} + \frac{r_{dyn}^2 \cdot c_{\overline{\lambda}} \cdot d_2}{J_R \cdot \sigma_{ges}}\right)$$

$$\cdot \sqrt{1 - \left(\frac{4 \cdot J_R \cdot \sigma_{ges}}{r_{dyn}^2 \cdot c_{\overline{\lambda}} \cdot d_2^2}\right)} \qquad \text{Gl. A.16}$$

Umformen liefert schließlich:

$$\lambda_{e_{1,2}} = -\frac{1}{2} \cdot \left(\frac{v_T}{\sigma_{ges}} + \frac{r_{dyn}^2 \cdot c_{\bar{\lambda}} \cdot d_2}{J_R \cdot \sigma_{ges}} \right) \pm \frac{1}{2} \cdot \left(\frac{v_T}{\sigma_{ges}} + \frac{r_{dyn}^2 \cdot c_{\bar{\lambda}} \cdot d_2}{J_R \cdot \sigma_{ges}} \right)$$

$$\cdot \sqrt{1 - \left(\frac{4 \cdot \sigma_{ges} \cdot r_{dyn}^2 \cdot c_{\bar{\lambda}}}{v_T^2 \cdot J_R} + \frac{4 \cdot J_R \cdot \sigma_{ges}}{r_{dyn}^2 \cdot c_{\bar{\lambda}} \cdot d_2^2} \right)} \qquad \text{Gl. A.17}$$

Printed in the United States
By Bookmasters